U0100640

大展好書　好書大展
品嘗好書　冠群可期

大展好書　好書大展
品嘗好書　冠群可期

·校園系列·
21

使頭腦靈活的數學

逢澤明／著
陳蒼杰／譯

大展出版社有限公司

序

「反正，我就是數學的低能兒。」這種人為數甚多，理由很簡單，因為他們都只被迫做計算的訓練，當然覺得數學無聊無趣。

這是連大學生都常見不會計算分數的時代。厭惡數學的人當中，有五分之一以上在有關分數的計算等小學生水平的計算力上面，發生問題。

「不會數學不行！」這是令不少人想高聲抗辯的世論。若果真是如此——請不妨解答揭載於本書的題目。

此處會用到的，主要是小學的算術。雖然如此，各題風格卻差異甚大，即使自詡擅長數學的人，也難免冒出一身冷汗。

不須要什麼高等數學，只要有豐富的「構思力」和堅持到底的「集中力」就夠了。本書意在通過實戰，開發此等的能力。這也是一本提供給你本人的書，使您能樂在其中。

人生本是複雜的難題。當陷入絕境時，面對似乎無解的困難問題，有構思力和集中力的人卻往往能巧智地破繭而出。例如在會議席上，突然……，或在陷入困境那一天的翌晨，已經……。一切唯賴構思力與集中力。放在褲袋裡，或在職場、家庭、教室等處，隨身擁有這類書籍，何嘗不是樂事！就在這樣的思維下，我撰寫了這本書。

在有孩子行將接受升學考試的家庭裡，或者由爸爸、或者由媽媽，不經意地把本書置放在桌上。閱讀過這本提供給大眾的書——或許能改變孩子的人生。

是否真能改變呢？我得有言在先，這得視孩子的適性而定。請從旁悄悄觀察，如果你的孩子為解題而一心不亂地持續思考……那麼，他必是一顆璀璨寶石的原石。

已脫離孩童期的人們亦然。你能否堅持長久地思考呢？有否解題的構思呢？在那瞬間能否持續集中呢？如果你的答案是ＹＥＳ，那麼，你可以有絕大的自信了，因為那表示你已發現自己寶貴的能力。

透過我長期教導京都大學學生的經驗，發現解題能力格外重要。那些學生大多喜好挑戰難題，為了解答遠比此處所介紹更困難的題目，他們不惜耗時費日，並且滿心歡喜地提出報告。他們都成績優異，具有非常高素質的研究者能力，由此可知解題能力與其間關係的密切。

哲學家湯瑪斯·魁恩認為，科學家的工作多在解題。如不擅解題，絕無法成為愛因斯坦，甚至無法成為一般的科學家或頭腦銳利的企業家。

承蒙PHP研究所竹下康子小姐協助企劃、編輯本書。我是在「撰寫學術書籍」之際，被以「轉換情緒」、「為了國家」等為由，寫下了這本充滿趣味的書籍，若你喜愛本書，請將半分功勞歸諸竹下康子小姐，特此附記。

逢澤　明

【通稱】 比恩

【說明】 “我”所出的問題具有走在時代尖端的人必備的水平。
唔，答不出來？那你的未來就暗淡了！

【通稱】 羅得凱斯

【說明】 能解答我的問題，表示你相當聰明。
想清楚了再作答，否則我就把你吞噬了……！

【通稱】 賈斯達拉

【說明】 不管多賣力，關鍵在於能力。這是超難題王國，有許多準數學家解不出的問題；但或許這裡是由小學生當王哩！

總計 1000 分為滿分。

※書末附有你的「“數學力”診斷」。

以下是你行將挑戰團體的全部難題，總計 100 題，每一難題均附有得分。

你的得分，掌握在本頁出場的動物手中。

現在請他們一面自我介紹，一面詳作說明。

【通稱】羅賓

【說明】我出的問題很簡單。

但不仔細思考，容易因粗心大意而犯錯……。

【通稱】班傑明

【說明】我出的問題只比羅賓的略微難些。

不過，如你是小學的留級生，大概解不出來。

問1

這是你從小學迄今仍可能算錯的問題。

你去程以行車時速60公里到郊外玩。

回程雖走同一路線，但因為塞車，時速只20公里。

請問來回的平均時速是多少？

時速30公里

想必多數人的答案是時速40公里。

現在假設距離為60公里。

去程時速60公里，則須1小時；回程時速20公里，則須3小時。

這意指來回共120公里的路程，共耗時4小時。

所以，平均時速為30公里。

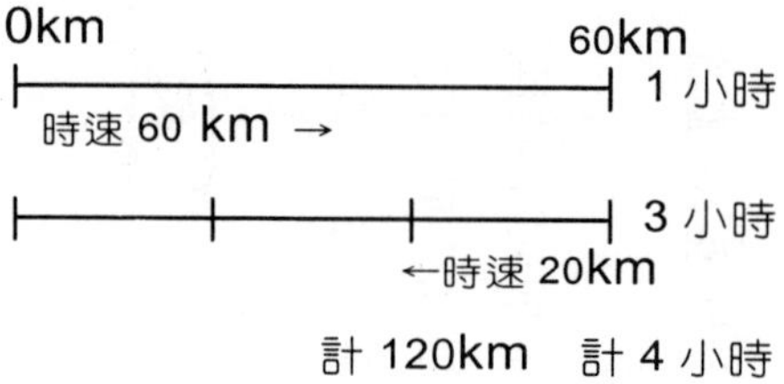

問2

歡迎來向世界最古老的數學題挑戰。這是寫在紀元前１８００年左右的埃及紙莎草上的問題。

這裡有７個家屋。
每家各養貓７隻。
每隻貓各捕捉７隻老鼠。
每隻老鼠各吃麥穗７支。
從每隻麥穗各能獲取７海柯提（計量單位）麥。
所有這些數目總加起來是多少？

答

19967

如果你有充分的計算力，答案必如上所示。請確認你的計算力吧。

聽說這問題記載於13世紀初的比薩算術書，和18世紀由查理·貝羅彙整的英國童謠集『鵝媽媽』。因為在紙莎草上只記有項目與數值，故很多專家都當它是個難題。

$$7+7^2+7^3+7^4+7^5=19607$$

問3

474747

除以 3，成為

158249

再除以 7，成為

22607

再除以 13，成為

1739

請先用計算機按出一個2位數（例如47）。

接著，連續按2次該數字（即成為474747）。

將所呈現的新數學除以3。

再除以7。

最後除以13（例題是成為1739）。

現在，我想猜你最初按出的數字。

唔！請問該怎麼辦？

只要將最後呈現的數字除以37即成

用計算機將某2位數連續按3次，如上所示，與將該2位數乘以10101的得數，剛好相等。

其秘訣在於3、7、13、37等4個質數相乘，得數恰巧是10101。

$$474747 = 47 \times 10101$$

同時 $10101 = 3 \times 7 \times 13 \times 37$

問4

「請問妳幾歲？」

「我？我的年齡除以3，餘數是2。」

「噢……？」

「除以5，餘數是4。」

「嗯……」

「除以7嘛，餘數是1。」

「妳究竟幾歲嘛……！」

答 29歲

$29 \div 3 = 9 \cdots 2$

$29 \div 4 = 5 \cdots 4$

$29 \div 7 = 4 \cdots 1$

其實，只要用29驗算就可解題。

最簡單的解法是，先列出「除以7，餘1」的數目，再自其中尋取最適者。本法常用於猜年齡的問題。

這是隸屬所謂「百五減算」或「百五間算」的題目，是日本數學中常見的著名題型。由於3×5×7＝105，故取名之。江戶時代的數學書『塵劫記』也有載記（「塵」，指非常微小的數；「劫」，指非常碩大的數）。

問5

將骰子的6個面，分別塗以紅、黃、藍、綠、黑、白6色。現在將骰子投出，出現了如圖所示的狀態。請問紅色的對側是什麼顏色？

（類題・青山學院中等部）

答

藍

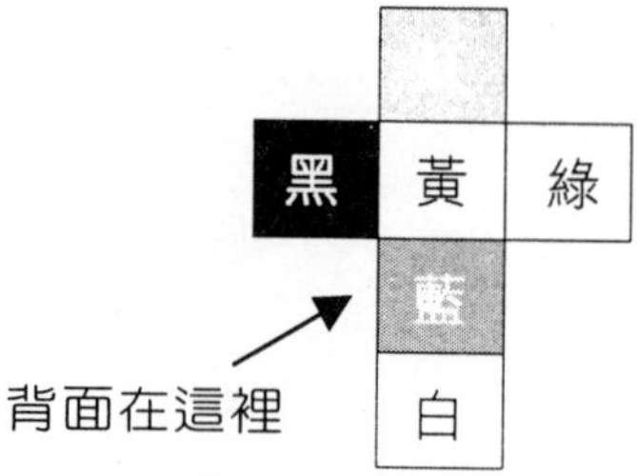

請注意出現2個以上的顏色，在頭腦中轉動骰子即可。此處應注意的是黃，或黑，或藍。

無法在腦海中想像的人，請參照如上的展開圖思考看看。

在頭腦中想像立體圖，是解答圖形之類數學問題的必備條件。不但如此，這也密切關係著「多面觀察事物」的能力。

問6

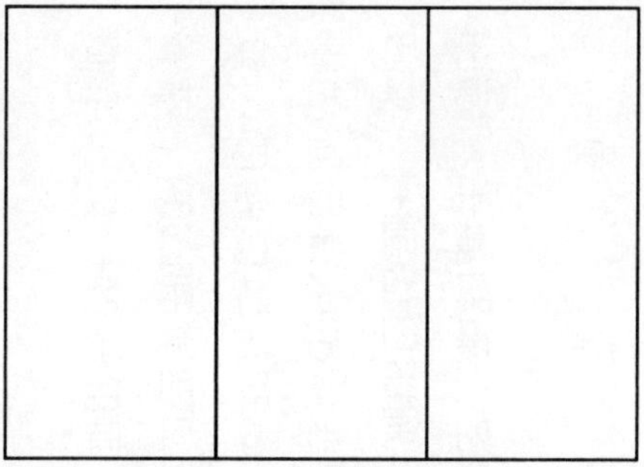

有一長方形的旗子，如圖般被3等分。現在規定相鄰部分不得塗以相同顏色。

當能使用的顏色有6色時，總共能塗出幾種類旗子？不過，如反面過來成為相同色旗的情況，視為同一旗子（例如「紅、白、藍」的旗子，與「藍、白、紅」的旗子，視為同一旗子）。

（類題・甲陽學院中）

90種類

首先，以2色塗色時，只要在6色中選擇1色作為中央的顏色；再自其餘5色中選擇一色塗兩端即可，故有6×5＝30種類。

以3色塗色時，計6×5×4＝120種類，這涵蓋了所有情況，但其中反面時會相同的旗子佔了半數，即60種類。

所以，本問題的答案為30＋60＝90種類。

不過，千萬記得，如此多種類國旗是非常棘手的。

問7

美加小姐酷愛小鳥，她總共飼養了300隻鳥。不幸小偷闖入，將昂貴的鳥都偷走了。美加小姐於是到警察局報案。

「糟了，我被偷走了200隻左右重要的鳥。」

「哦，那得填寫遭竊報案書，請說出詳細內容。」

「被偷的鳥當中，剛好$\frac{1}{3}$為非洲產，$\frac{1}{4}$為南美產，$\frac{1}{5}$為澳洲產，$\frac{1}{7}$為東南亞產，$\frac{1}{9}$為中國產。」

由於美加小姐太慌亂，錯報了某一數字。

請問被偷走的鳥總共幾隻？

答

180隻

若被偷走的小鳥數目剛好達$\frac{1}{3}$，則所求必為3的倍數；同樣地，它也必是4的倍數、5的倍數，以及7的倍數、9的倍數。於是其公倍數勢必多於200這個接近被偷數目的數目。

故可以運用如上所示的計算方法，將3、4、5、7、9當中的一數刪除加以計算，所求出較300這數目為小者，即是答案（特須注意，9的倍數也是3的倍數）。

①如為 3、4、5、7、9 的倍數，
則 $4\times5\times7\times9=1260$

②如為 3、4、5、7 的倍數，
則 $3\times4\times5\times7=420$

③如為 3、4、5、9 的倍數，
則 $4\times5\times9=180$

④如為 3、4、7、9 的倍數，
則 $4\times7\times9=252$

⑤如為 3、5、7、9 的倍數，
則 $5\times7\times9=315$

⑥如為 4、5、7、9 的倍數，
則 $4\times5\times7\times9=1260$

問8

A站與B站間，如搭乘特快車，須3小時30分。

上午6時從兩站分別開出第一班列車，其後每隔1小時對開一列車。

請問，上午9時由A站開出的特快車，會與幾輛列車擦身而過？

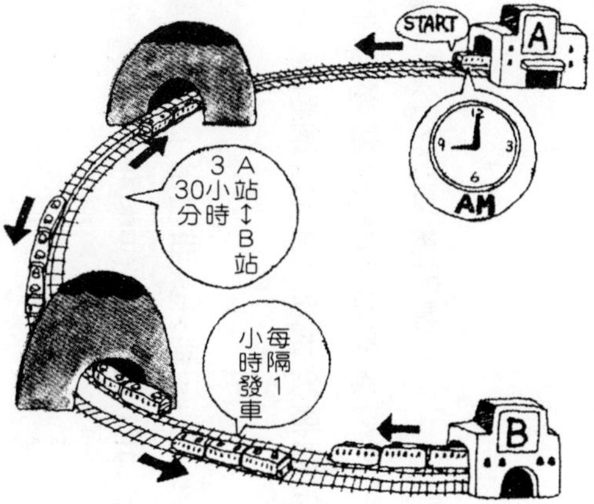

7輛

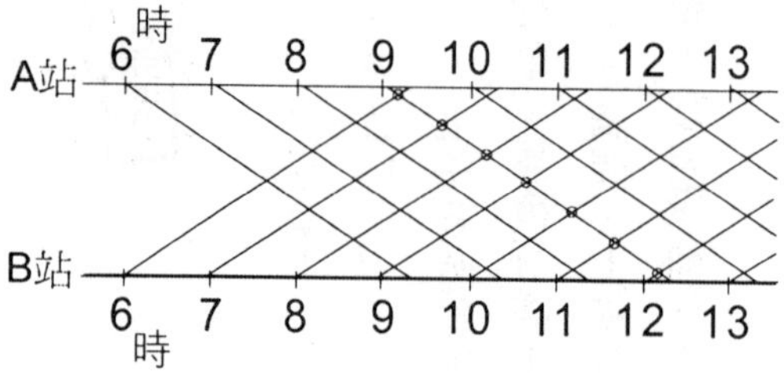

如上圖般繪成列車運行圖（diagram），即可一目了然正確答案。類似問題僅憑頭腦思考，一般都無法求解。

日本設置鐵道之初，英國鐵道技師貝吉將列車運行圖的繪製法視為秘寶，而一度被譽為製作時刻表之神，歷久無出其右者。以上是膾炙人口的真實故事。

聽說上述問題使2成以上在大學聯考中未選考數學的大學生，全部遭到挫敗。請你也嘗試做做看。

（取自『不會計算分數的大學生』）

① $\frac{7}{8}-\frac{4}{5}=$

② $\frac{1}{6}\div\frac{7}{5}=$

③ $\frac{8}{9}-\frac{1}{5}-\frac{2}{3}=$

④ $3\times\{5+(4-1)\times2\}-5\times(6-4\div2)=$

⑤ $2\div0.25=$

答

① $\frac{3}{40}$　② $\frac{5}{42}$　③ $\frac{1}{45}$　④ 13　⑤ 8

經調查發現，「不會計算分數的大學生，大有人在」，這項結果引起輿論嘩然，「關東地區最難考的私立大學」的「經濟學系1年生」算計這些問題，其全部正解率竟然也低於8成（78．3％）。當然，就該學系的考試而言，也有不須考數學的科別。

考查這種情形發生的原因，實應歸咎近年大學入學考試，未將困難的數學列為考科，導致「大學偏差值上升」的諷刺性效果。其結果是，可能考試技巧高明的考生上榜，而深富邏輯性和思考力的考生卻名落孫山。

縱使該大學經濟系選考數學的學生，其全部正解率也低於9成（88．3％）。故請大家不妨透過趣味盎然的題目，磨練邏輯或數學的思考力。

問10

A與B在農場栽培草莓打工。農場的田壠共12行，2人合作以2萬圓承包工作。

A40分鐘種完1行份的草莓苗，再以40分鐘覆土。

另一方面，B只須20分鐘就能種完1行份草莓苗，但他覆土2行的時間，剛好可供A覆土3行。

請問，如何依完成的工作，按比例分配所得？

答　每人各得1萬圓

假設A負責6行田壠，則種完草莓苗須耗時40×6＝240分鐘，亦即4小時。覆土也須耗相同的時間—4小時，故合計8小時完工。

B也負責6行份，種苗時間為20×6＝120分鐘，亦即只須2小時；但他覆土的速度為A的$\frac{2}{3}$，故所須時間為其$\frac{3}{2}$倍，即1.5倍，亦即須6小時。如此，植苗與覆土合計，也是8小時。所以兩人的工作效率相同。

問11

「2+2」與「2×2」，答案相同。

請你尋找出另外能獲得相同答案的數目。小數或分數均可（A與B不須一定同數目）。

$$A+B=C$$

$$A\times B=C$$

答 如左例所示

例如

$3+1.5=4.5$

$3\times1.5=4.5$

如果一方的數多 A，則能成為

$B=\dfrac{A}{A-1}$　即可。

類此的數目很多，只是多數人沒有發覺。

問12

将末尾的4這個數字，挪移到最前面，會成為原數的4倍的整數是多少？

答

102564

正整數中，最小者如右。

末尾位數的數字為4，可將它上位的數字統合為A，現假設A與N位數。

則原來的整數為A×10＋4，其餘整數為4×10^N＋A，此即能成為原來整數的4倍。

由於存在著上述關係，故逐漸增加N值，以尋求$4\times10^N-16$會成為39的倍數的數字。在「成為原數的2倍」的條件下，最小的答案為210526315789473684，這數字即使計算機也算不出來，用這難題整整那些自命有數學天才而不可一世的人，可大大挫其銳氣。

因為 $4\times10^N+A=4\times(A\times10+4)$

所以 $4\times10^N-16=39\times A$

如此，左邊即成為 39 的倍數。

問13

相鄰相邊的2個○的和，就寫在□中。請猜算○中的數字。

（類題・拉薩爾中學）

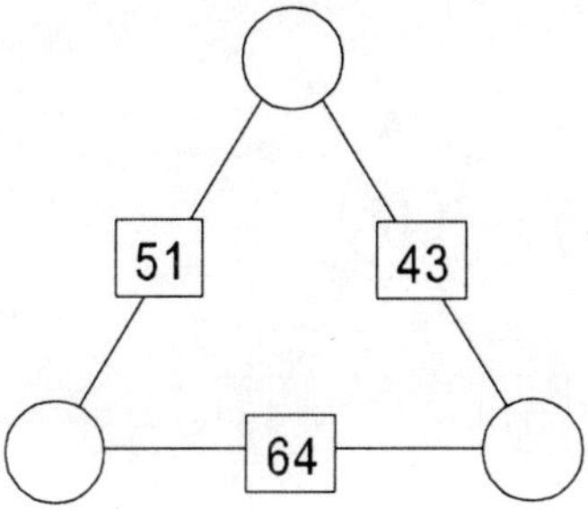

如圖所示

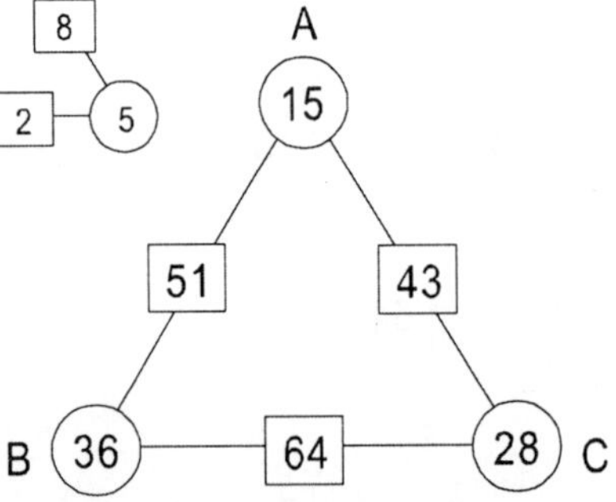

則 $51+43-64=A\times 2$

如圖示，將51和43相加，再減64，即成為A的2倍。

假使採用「聯立方程式」計算法，這問題可輕而易舉地求解。

此處一併圖示更艱難的「魔邊三角形」。即自1至9，每一數字各使用1次，任何邊的和均相等。亦即各邊的和為20。

【參考】「魔邊三角形」。

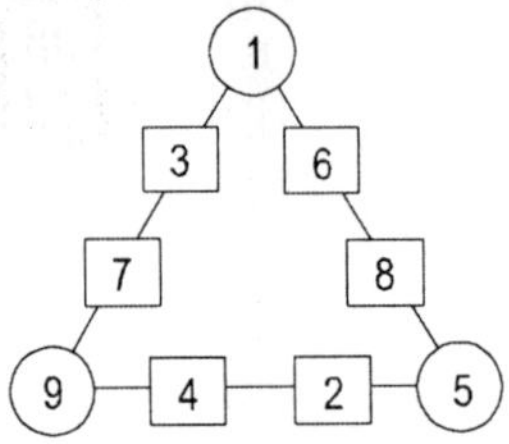

問14

不知樹苗幾株，想將他們栽種在圓形池塘周圍。

若每隔2公尺種1株，則缺5株；每隔3公尺種1株，則缺4株。

請問樹苗有幾株？又池塘周長多少？

答

樹苗22株，池塘周長54公尺

試如上圖所示，將池塘圓周拉成直線。

若每隔2公尺種1株，則不足10公尺份。若每隔3公尺種1株，則多餘12公尺份。

參見圖示，你是否了解兩數相加的22公尺，恰是（3－2）公尺乘以株數的值？既然如此，株數為22÷（3－2），等於22株。

已知樹苗株數，池塘周長便可簡單求算了。

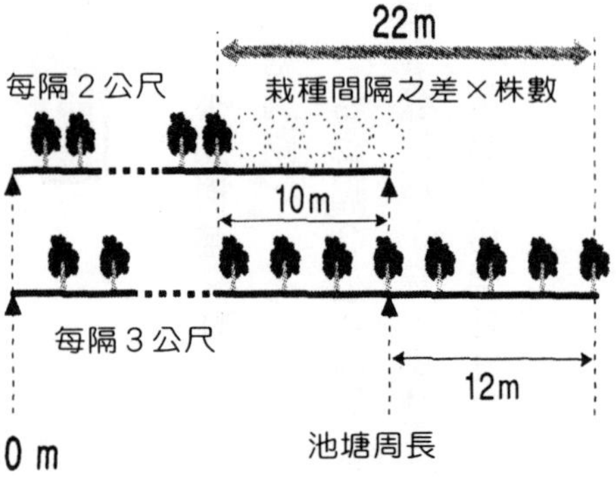

問15

這是傳統的鶴龜（雞兔）算問題。你是否遭遇過？

鶴龜相加，頭數為20，足數為58。請問鶴與龜各有多少隻？

答 鶴11隻，龜9隻

當然，運用方程式是種求解的方法。但此處請用小學算術來作答。

將鶴、龜的頭總數20乘以2。這意味若鶴與龜各有2足，則共有40足。

然後，從足的總數58，減掉40，所得即「全屬龜的足」，再將每隻龜分配2足（另2足已扣除）。

如此一來，18除以2，即得知龜的數目。

20 × 2 = 40
（頭的數）（各2足）

58 − 40 = 18
（足的數）（龜的2足）

問16

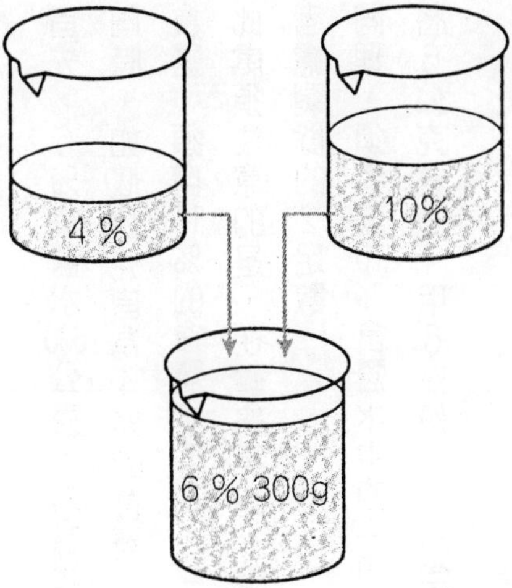

將4%食鹽水與10%食鹽水混合，作成6%食鹽水300公克。請問各須混合幾公克？

這類問題都能用與鶴龜算相同的方法解答。

答　4%的200公克、10%的100公克

首先，6%食鹽水300公克，內含18公克食鹽。

同時，如300公克皆為4%的食鹽水，則內含12公克食鹽。因此18－12＝6公克的食鹽，須自10%的食鹽水追加。

此處須注意的是，在鶴龜算時，龜足中的2足數先已與鶴一起扣除，後來才再「考慮剩餘的2足數」。

同理，須考量10%食鹽水中的「10－4＝6%份」。這是訣竅。

將6公克食鹽，用6%份（10%當中）加以彌補，故意味須10%食鹽水100公克。

問17

赫然醒來，看到的是地獄的鬼。

「哈哈哈，你進了鬼門關！」

「豈有此理！」

「你被車子撞到，當場死亡。讓我告訴你現在的時刻。昨夜12時到目前的時間的$\frac{1}{4}$，加上現在到今夜12時的時間的一半，就對了。只要你知道現在是幾點，就饒你一命。」

我迫不急待地看手錶，孰料手錶不知何因，竟一片模糊。

「唔，唔……！」

答　上午9點30分

若不運用方程式，就請採用強力的「猜算法」求解。首先，設定猜測的時刻，再逐漸修整到誤差減至最少即可（與使用電腦計算相同的方法）。例如將現在時刻：

設定為上午6時進行計算↓相當10時30分↓誤差為4小時30分。

設定為上午8時進行計算↓相當10時　↓誤差為2小時

可見只要時刻愈增加，誤差便愈減少。不過：

設定為上午10時進行計算↓相當9時30分↓誤差又增加30分鐘

既然如此，取上午8時與10時之間，給予更詳盡的計算即可猜算得知。

請在以下數字列中的□，填入正確數字。

① 2, 4, 6, 8, 10, 12, □

② 1, 2, 4, 7, 11, 16, □

③ 3, 7, 15, 31, 63, 127, □

④ 18, 19, 17, 20, 16, 21, □

⑤ 1, 1, 2, 3, 5, 8, □

答

①14　②22　③225　④15　⑤13

①為偶數，只要依序排列即可。

②每相鄰兩數的差，均增加1即成。

③將各該數之前的數乘以2，再加1即可。

④將18、17、16……的數列，與19、20、21……的數列，依序交錯排列。

⑤將各該數之前的二數加以相加即成。這種數列有一艱澀的專用語，稱之為「Fibonacci（斐波那契），又稱植物葉子生長方法的法則。

問19

有A、B兩種酒。A酒，水與酒精的比例為5比3。B酒的比例，為3比1。

請問，取A份量為2、B份量為1的比例加以混合時，水與酒精的比例是如何？

2比1

水量為

$$2 \times \frac{5}{5+3} + 1 \times \frac{3}{3+1} = 2 \times \frac{5}{8} + 1 \times \frac{3}{4}$$

$$= \frac{5}{4} + \frac{3}{4} = \frac{8}{4} = 2$$

酒精量為

$$2 \times \frac{3}{5+3} + 1 \times \frac{1}{3+1} = 2 \times \frac{3}{8} + 1 \times \frac{1}{4}$$

$$= \frac{3}{4} + \frac{1}{4} = \frac{4}{4} = 1$$

因此 2：1。

這問題很簡單，但是，很多人會做錯。關鍵在於須將混合後的水量、酒精量各別計算，才能獲知其比例。

問20

數學家T教授在某年的生日，非常欣喜。因為由年初數來的日數，乘以他自己的年齡，剛好等於11111。

請問他幾歲？他的生日是何月何日？

不過，提醒你那年並不是閏年。

○○○日×△△歲=11111

答

41歲，生日為9月28日

$$11111=41\times 271$$

只須以如上的簡單方式進行因數分解，就可求得答案。但要找出答案也不是易事。

由於不可能是271歲，所以應是41歲。又因8月31日是自年初算來的第243日，因而生日便可簡易求之。

就因數分解而言，數目愈大，愈難分解。幾百位數的因數分解，即使使用超級電腦，也幾乎不可能濟事。最近的密碼理論已應用這種性質，以確保網際網路購物的安全性。

問21

這是夜市裡的投環遊戲。

「只要數目合計剛好是50，就可獲得1萬圓獎金。請盡情挑戰。投環數不限。」

答　僅僅6與19與25一組的一種組合而已

想找出答案可不容易。

如只選2個數目加以組合，共45種。

如選3個數目加以組合，則共120種。

組合4個以上的數目，又能滿足條件的，顯然不存在，這事實只要稍加試算即知。

擅長設計個人電腦程式的人，大概不至於被這問題考倒。個人電腦可說是你的數學大幫手。

問22

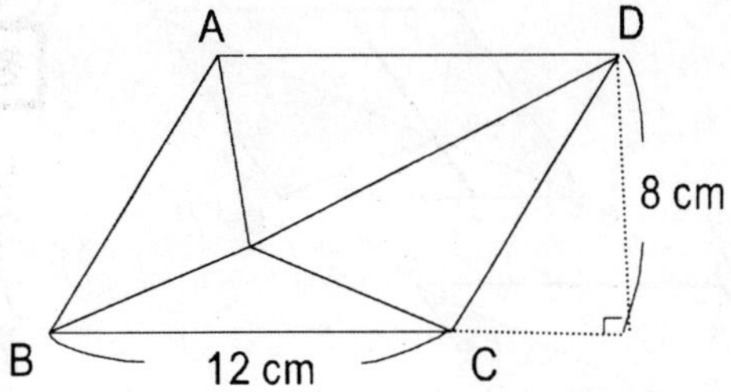

這是極為基本的問題。如果解答不出來，程度就不如小學5年級生了。

請算出圖中平行四邊形有顏色部分的面積。

答 48平方公分

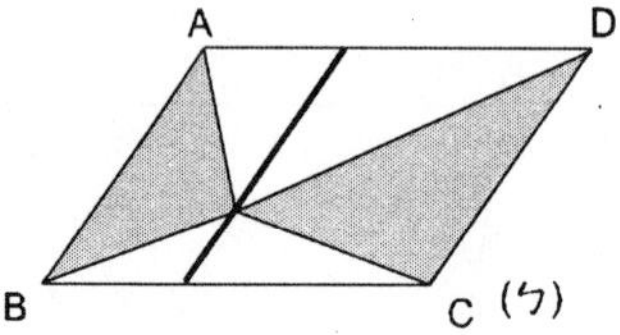

（ㄅ）

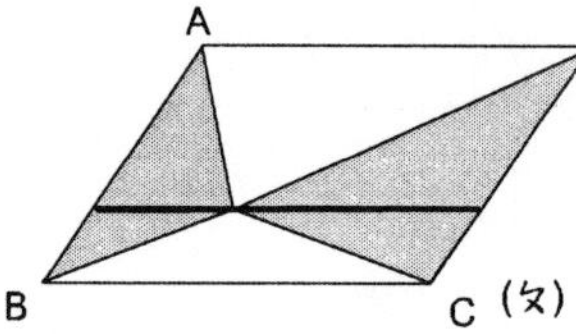

（ㄆ）

如上圖（ㄅ）般，將平行四邊形ＡＢＣＤ分開為左右2個平行四邊形。

有顏色的三角形面積，各是左右平行四邊形面積的一半。

亦可將平行四邊形分開為上下2個平行四邊形。無顏色的三角形面積，各佔上下兩平行四邊形面積的一半。再由全體面積減除即可。

不過……你是否知道平行四邊形的面積求法為「底邊×高」？

問23

詩人隆費洛曾引介古代印度數學難題，而使它盛極一時。今試將它改貌為現代風格的題目如下。

蜜蜂群中$\frac{1}{5}$的蜜蜂飛到油菜花田，$\frac{1}{3}$飛向紫雲英花。這兩群蜜蜂數的差的3倍量蜜蜂，收集了紫苜蓿花蜜；其餘10隻在櫻花周圍飛翔。請問全部蜜蜂總計多少隻？

收集紫苜蓿花蜜的蜜蜂比例為

$$\left(\frac{1}{3}-\frac{1}{5}\right)\times=\frac{5-3}{3\times5}\times3$$

$$=\frac{2\times3}{3\times5}=\frac{2}{5}$$

所以將最初的 3 群蜜蜂加起來為

$$\frac{1}{5}+\frac{1}{3}+\frac{2}{5}=\frac{3+5+2\times3}{3\times5}=\frac{14}{15}$$

其以外尚有 10 隻蜜蜂，故等於

$$10\div\left(1-\frac{14}{15}\right)=10\div\frac{1}{15}=10\times15$$

$$=150（隻）$$

150 隻

只要會計算分數，就能發覺這問題很簡單。不妨作為小學的復習題，嘗試加以計算。

問24

這是很有名的問題。請利用宴會席試試身手。

如圖所示，將10元硬幣和50元硬幣各排4枚。

每移動硬幣時，要同時將鄰邊的2枚一起移動。但切記不可將2枚硬幣左右調動，或排成縱向。

請只移動4次，將10元硬幣和50元硬幣交互並列。

答 如圖所示

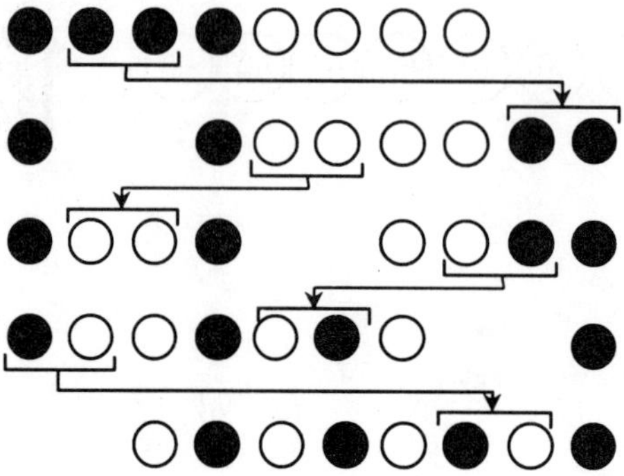

上圖是運用黑子和白子加以表現。當然也可利用糖果、葡萄酒杯，或4男4女進行排列。

問25

這是古代中國的數學題。

公雞1隻5錢、母雞1隻3錢、小雞3隻1錢。

現有100錢，想購買100隻雞，並且公雞須儘可能多買。請問該如何買？

答 公雞12隻、母雞4隻、小雞84隻

假設公雞有A隻、母雞有B隻。

則小雞為(100－A－B)隻，這是3的倍數。

$$5\times A+3\times B+\frac{100-A-B}{3}=100$$

將上式加以整理，則$7\times A+4\times B=100$

故 $7\times A=4\times(25-B)$

由上式可知A是4的倍數。

然後，請將4的倍數逐一嘗試，即可求出解答。

3世紀左右的中國，稱這類問題為「百雞問題」。若按現在的數學而言，則稱「不定方程式」問題。除了依靠嘗試錯誤求解外，別無他法，據說本問題是由中國經印度傳到歐洲。

問26

A與B進行100公尺賽跑。B抵達終點時，A才跑到90公尺處。

因此，兩人決定將B的出發點退後10公尺，再比賽一次。

請問兩人能否同時到達終點？

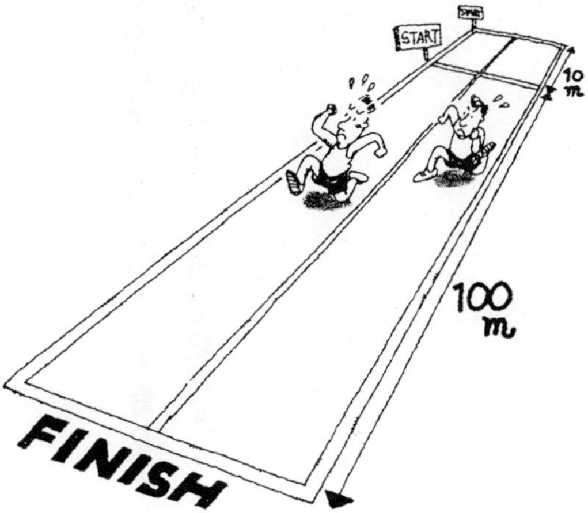

不能，仍是B贏得勝利

B跑完100公尺時，A只跑到90公尺處。所以在距終點10公尺前，2人會並排。但按此速度比例賽跑剩餘的10公尺，則B仍會以領先1公尺抵達終點。

問27

有位殺手只有逢「13日又星期五」時才肯執行任務。由於收入不安定，他計算了一下「13日又星期五」的天數。不過，他是以非閏年的情形做計算。

依據左表，當1月1日為星期日時，請問各月份的第1天是星期幾？請填表。

請再依據填表思索，1年中「13日又星期五」的日數是：①一年中最多有幾日？②最少有幾日？

（類題．麻布中學）

月	星期
1	日
2	
3	
4	
5	
6	
7	
8	
9	
10	
11	
12	

答 如表所示 ①3 ②1

將1個月的日數除以7，則為0（28日時）、2（30日時）3（31日時）三者之一。運用這結果，將各月最初的星期屈指數算即可，答案如上表。

月	星期
1	日
2	三
3	三
4	六
5	一
6	四
7	六
8	二
9	五
10	日
11	三
12	五

13日又逢星期五，都出在第1日為星期日的各該月份。根據本表，則可見2次。其他星期的次數數算起來，最多的是星期三，有3次；最少的是星期一、二和四，各有1次。

故可推斷，當星期三成為星期日的那一年，「13日又星期五」的次數，計有3次。

問28

你是否仍記得除算的方法？

問題太簡單，常令你感覺無聊，那麼，請你算算以下的問題：

請問5除以7時，其商數的小數第100位為多少？

求算到小數第 100 位 →

7) 5

2

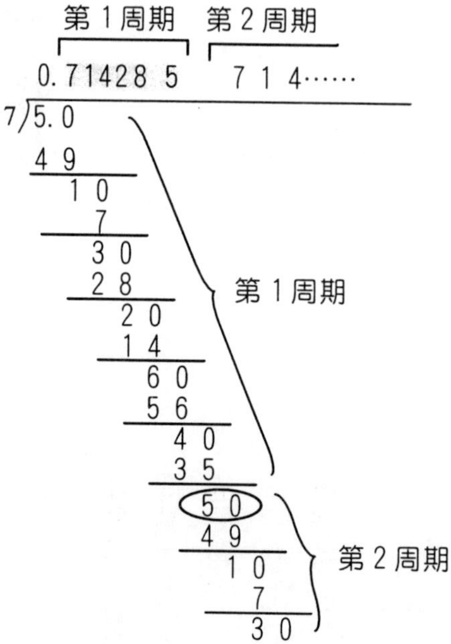

如上所示，商數出現了「循環小數」，這種情況你還有記憶吧！它是6位數「714285」的循環反覆。

既然如此，則只要將位數100者除以6，由於商為16，餘數為4，故小數第100位的數，即循環反覆數字的第4個數字「2」。

問29

假如你是生意人，非得算出這問題不可。

以定價出售，能獲利270元的商品，現以定價的八．五折賣出15件，則能獲得以定價的九折賣出9件時相同的利潤。

請問，這商品的原價是多少？

930元

較聰明的小學生，很快就是解答。其思考流程如左：

15 件和 9 件可獲利相同，則意味 15：9＝5：3

故每 1 件平均利潤為其逆數，即 3：5

其差 5－3＝2 相當於定價的 5%。定價的 8.5 折的利潤是 3，意指利潤為定價的 7.5%。

故以定價出售時的利潤，對應定價的比例為

(15＋7.5)＝22.5(%)

於此情況下，利潤為 270 元，所以定價為

270÷0.225＝1200(元)

然後扣除利潤，就是商品的原價。

40名員工競售汽車的契約輛數，平均為4．8輛。詳情如表所示。請問取得4輛與8輛汽車契約的員工各有幾人？

契約輛數	員工數
0	1
1	3
2	2
3	4
4	□
5	5
6	6
7	4
8	□
9	2
10	1
平均 4.8	計 40

答

4輛10人、8輛2人

由表已知銷售出車子的人數為

1＋3＋2＋4＋5＋6＋4＋2＋1＝28(人)

至於銷售出的汽車輛數為:

1×3＋2×2＋3×4＋5×5＋6×6＋7×4＋9×2＋10×1＝136(輛)

輛數合計　4.8×40＝192(輛)

所以 40－28＝12 人

賣出 192－136＝56 輛

設有 12 名員工銷售 4 輛，則為 48 輛。但實際賣出輛數為 56－48＝8 輛，亦即多出 8 輛。所以 8÷(8－4)＝2 人，這是取得 8 輛契約的人數。

計算方法如上。區分銷售4輛和8輛者的人數，其方法與雞兔同籠算法相同。

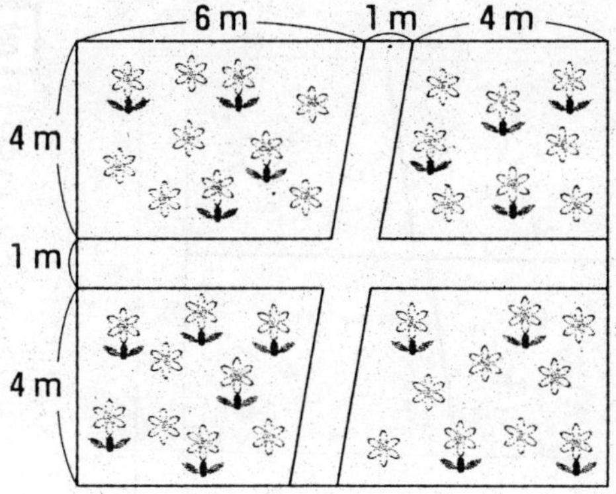

上圖所示為長方形庭院的花壇與小徑。

請問繪有圖案的花壇部分面積是多少?

答

80平方公尺

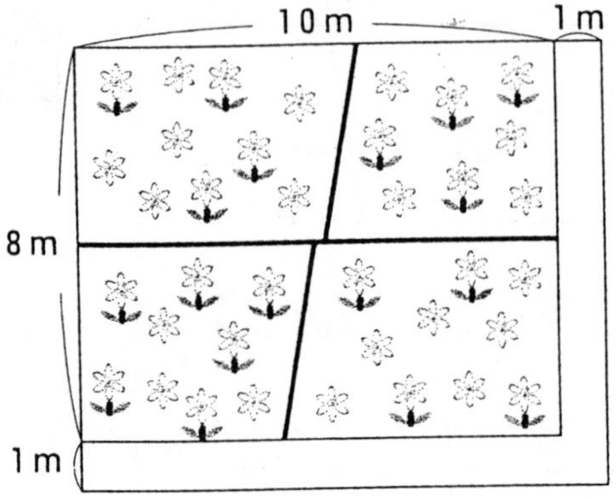

這是常見的問題。只要將花壇部分結合起來，就可靠著心算解答。

類此方法稱之「等積移動」，在有關圖形的數學謎上常用之。

問32

這是填空問題。請將□中填入適當數字。

```
     □□
×    8□
───────
    □□□
    □□
───────
  □□□□
```

答 如左所示

		A	B
		1	2
×		8	C 9
	1	0	8
	9	6	
1	0	6	8

這題較簡單的填空問題。關於A的空格，即使乘以8，結果也只能是2位數，故知A的空格為1。同理，B的空格，不是1就是2。但乘以C須能成為3位數，故C的值唯有9一個而已。此外，B則必須是2。

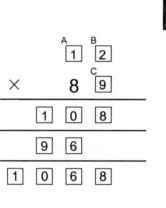

問33

我們日常使用的西曆（又稱格里高里〔Gregorio〕曆），決定閏年的方式是規定如後：

⑴能以4除盡的西曆年數為閏年。

⑵關於能以100除盡的年份，只以能用400除盡的年份為閏年。

請回答下述問題。

①自西曆2000年1月1日至西曆2222年1月1日，有幾次2月29日？

②西曆2000年1月1日為星期六，則西曆2222年1月1日為星期幾？

答

①54次

②星期二

計算有幾年的方法是

2222－2000＝222(年)

222÷4＝55…2

但 2100 年和 2200 年為平年，故加以扣除。然後由餘數部分進行調整，又有 1 次閏年，所以 55－2＋1＝54(次)

這是有 2 月 29 日的次數。

2222 年 1 月 1 日，是 2000 年 1 月 1 日後的幾天呢?

經計算為 365×222＋54＝81084(天後)

然後除以 7，餘數為 3。自星期六再加 3 天，為星期二，這就是正確解答。

能以100除盡的年份中，西曆2000年是很特別的一年，為閏年。他方面，西曆2100年和2200年則非閏年。像這樣複雜的規則，100年只出現1次。

其實，實際上的1年時間按天文學計測，目前為約365日5小時48分46秒。因此按照格里高里曆，約經3300年時，會多出1天。

問34

這兒有一本書，書上的每一頁依序印有頁碼。將用於頁碼的數字1、2、3、……9、0的個數加以數算，總共999個。請問這本書有多少頁數？

（類題・麻布中學）

好！
頁碼的鉛字個數有999個
唔……那麼內容呢？
……？
砰！

369頁

由第1頁到第9頁，須用到9個數字。由第10頁到第99頁，各頁須使用2個數字，頁數合計90頁，共使用180個數字。尚剩下810個數字。自第100頁以後，各頁須用3個數字。810除以3，為270。在此數值加上99，即可求出解答。

由第 1 頁到第 9 頁

$1 \times 9 = 9$(個)

由第 10 頁到第 99 頁

$2 \times (99 - 10 + 1) = 180$(個)

由第 100 頁以後

$(999 - 9 - 180) \div 3 = 270$(頁)

所以 $9 + 90 + 270 = 369$(頁)

問35

公園裡的道路恰巧可以組合成一邊長為120公尺的正三角形形態。甲和乙常在此慢跑。

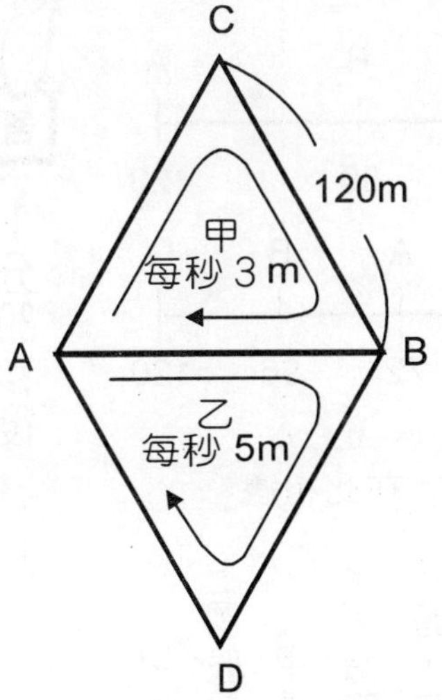

甲以秒速3公尺，沿A→C→B→A的順序環繞而跑。

乙以秒速5公尺，沿A→B→D→A的順序環繞而跑。

現在2人同時出發，請問他們在幾分幾秒後會第一次相遇？

（類題・慶應義塾普通部）

答

1分30秒後

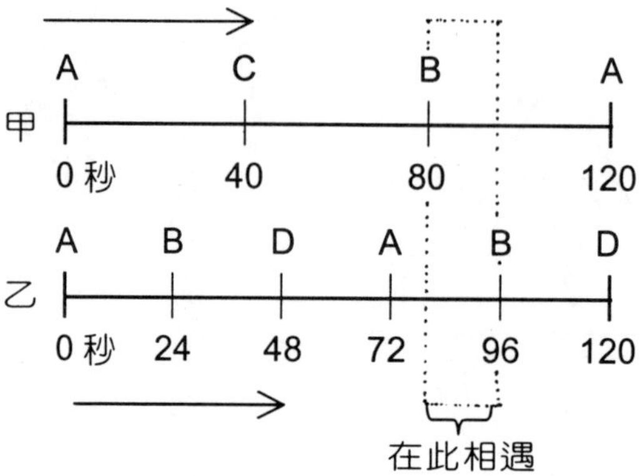

甲以40秒跑完一邊。乙以24秒跑完一邊。可如上圖般記寫時間的經過，再仔細探討之。

甲是在80秒後，開始跑B→A。乙則是在72秒後開始跑A→B。照理應在這段時期相遇。甲到達B時，其之前的8秒間，乙已從A朝B跑40公尺。然後將剩餘的80公尺，除以2人秒數的合計，即每秒8公尺，則為10秒。故80＋10＝90秒，亦即在1分30秒後相遇。

問36

一位老婦人來到郵局，拿出千元鈔票1張，說：

「我要50元的郵票幾張，及其5倍張數的20元郵票，剩餘的錢全部購買80元的郵票。」

請問究竟該如何分配張數？

答

50元郵票4張、20元郵票20張、80元郵票5張

1 張 50 元郵票對應 5 張 20 元郵票，故合計

50＋20×5＝150 (元)為一單位。

將這單位的幾倍從 1000 元加以扣除所得之值，須能以 80 元除盡才行。

仔細思考即知，唯有 1000－150×4＝400 (元)的情況，能夠滿足這條件。

故為 80 元郵票 5 張，50 元郵票 4 張，20 元郵票 20 張。

如上述方法求算。郵票張數須是正整數值。

諸如此般求算整數值的問題，原本風行於中國，但目前一般多取用希臘數學家迪奧圖的名字，稱為「迪奧圖方程式」。

使用4個4，使所計算的答案成為如左所示的模式。須運用＋、－、×、÷。且計算式的一部分能應用括號。

①4　4　4　4 ＝ 1

②4　4　4　4 ＝ 2

③4　4　4　4 ＝ 3

④4　4　4　4 ＝ 4

⑤4　4　4　4 ＝ 6

如左所示

① $4\times4\div4\div4=1$

$4\div4+4-4=1$

② $4\div4+4\div4=2$

③ $(4+4+4)\div4=3$

④ $(4-4)\times4+4=4$

⑤ $(4+4)\div4+4=6$

這是非常著名的題目，「4個4」。除了上述解答之外，尚可寫出其他正確的計算式。

不限四則運算，也能使用高中程度的數學。根據4個4，能產生更多種類的數，所以充滿自信的人不妨多方嘗試。

問38

為了眼睛有障礙的人，茲提供如圖示般的點字。

假設能打點的位置有6個，而任何一文字均可打1個以上的點，請問共可製成幾種類文字？

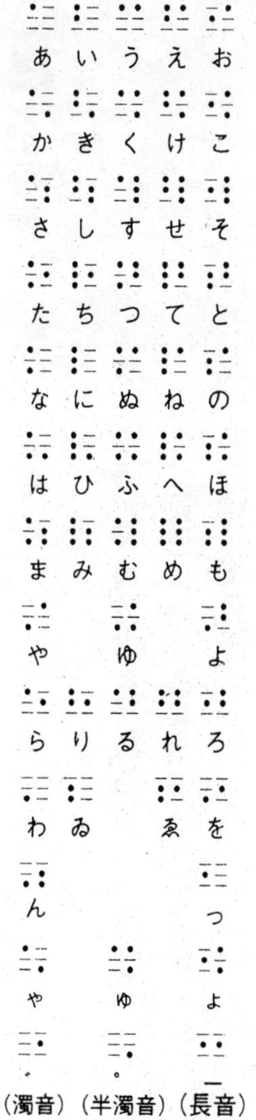

答

63種類

首先，須將完全沒打點的情況一併思考。

如此則區隔為2種類情況，一為各個位置有點，另一為各個位置無點。

所以用2×2×2×2×2×2這種方式，將6個2相乘，結果答案為64。

然後扣除完全無點的情況（只是1種類）即可。

思考不出來的人，可如上圖般先思索位置數最少的情況，再以此類推即成。

位置有 2 個的情況

2 × 2 － 1 ＝ 3（種類）

位置有 3 個的情況

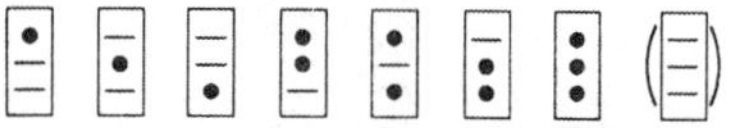

2 × 2 × 2 － 1 ＝ 7（種類）

問39

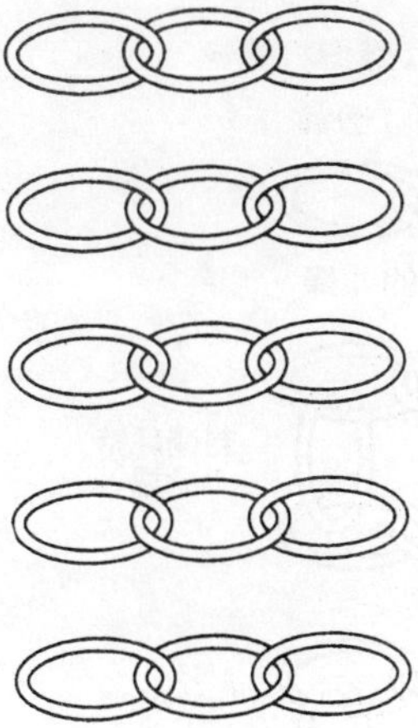

如圖般有5條鎖鍊。現要將它們連結成1條鎖鍊，勢須打開幾個套環，與其他的套環連接不可。

如打開一個套環須時1分鐘，封鎖一個套環也須時1分鐘，請問最短須時幾分鐘能完成？

答 最短須時6分鐘始能完成

這是流傳久遠的著名題目。多數人認為須「10分鐘」(因須連結5條),或「8分鐘」(因須打開4個套環)。

事實上,將1條鎖鍊的套環全部打開,最能節約時間。

如上圖所示,所連接的看似不是5條,而是「4條」。

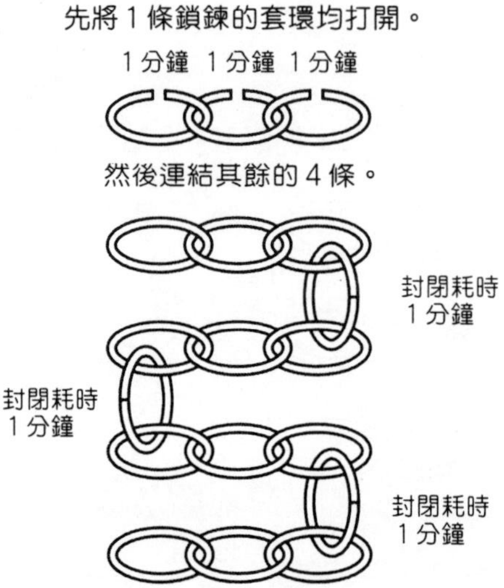
先將1條鎖鍊的套環均打開。
1分鐘 1分鐘 1分鐘
然後連結其餘的4條。
封閉耗時1分鐘
封閉耗時1分鐘
封閉耗時1分鐘

問40

由4輛車箱連結的普通列車，行將被8輛車箱連結的平快列車追及。現在平快列車的車頭剛好追抵普通列車的最後車尾。

當普通列車秒速12公尺，平快列車秒速20公尺時，須幾秒後才能完全追過去？

亦即請計算平快列車最後車尾完全超出普通列車車頭的時間。

答 30秒

最後1段文字剛好可為解答提供啟示。這是「通過算」的一種，許多人在小學階段都被類似的問題考倒。

須注意的第一點是，平快列車得追趕過去的，總共是4輛與8輛車箱合起來的12輛車箱的長度。其距離為240公尺。

其次須注意的是，這長度的距離除以列車速度的差速。將速度之差每秒8公尺，除以240公尺即可得解。

這類問題包括列車迎面錯車的問題、通過鐵橋的問題等。此外，所謂「流水算」，在川流不息的河中乘船逆流而上或順水而下的問題，亦須考量流水速度的差與和。

26的約數為1、2、13、26等，共4個。若將類此般約數有4個的整數，依序由小到大加以排列，請問26會成為第幾個？

（類題・開成中學）

第8個

小於 26，並且為 2 個質數之積的數，計有 2×3，2×5，2×7，3×5，3×7，2×11 等 6 備。

此外，2×2×2 也是只有 4 個約數。

依序加以排列，即：

6、8、10、14、15、21、22、26

26可以用2×13表示之。故可將質數（除1與各該數本身以外，沒有其他約數的數）設為A與B，且「A×B」所得之數，能滿足4個約數的條件。

不過，別忘了使用質數2，能形成「2×2×2」等於8的情況，這當中無疑也有4個約數。

問42

某計算題的答案，是求到小數第1位。但是因為忘了畫上小數點，以致該數與正確答案之差，成為70.2。請問正確答案是多少？

7.8

忘了畫上小數點，應會成為正確解答的10倍。這表示該數與正確解答之差，應是正確解答本身的9倍。

既然如此，只須將70.2除以9，即可求解。

這種程度的推論，原則上只靠心算就能辦到，沒有必要借助在紙上計算。故此處不列出算式，頭腦中常做些複雜的推論，有助鍛鍊腦力，強化構思力。

問43

2輛列車A與B，在直線上相距100公里的車站，迎面同時出發。時速均為50公里。

停棲在列車A的蜻蜓，隨列車出發的同時，以時速88公里，朝列車B飛去。蜻蜓在撞及列車B的瞬間，轉換方向朝列車A飛去。然後又在撞及列車A之前，轉換方向朝列車B飛去……如此反覆著。

請問，在2輛列車錯車之前，蜻蜓總共飛了多少距離？

答 88公里

這是初步性的問題。到2輛列車相錯，剛好須時1小時。由於蜻蜓是以時速88公里飛翔，當然1小時是飛88公里。

鑽牛角尖的人可能會先算出蜻蜓與B相遇的飛翔距離；再求出和A相遇的飛翔距離……等等，以很複雜的方式開始計算。

聽說在電腦史上鐃富盛名的數學家約翰·芳·諾伊曼，只略一沈吟，就正確解答出來。出題者非常佩服地說：

「真不愧是天才學者，立刻洞見了題目的陷阱。」

「過獎過獎，我不過是用心算把這深奧的計算剛好算完罷了。」

誠如這則傳說所顯示，他是名副其實的心算高手。

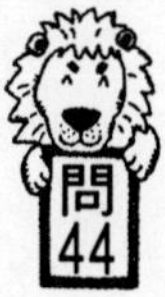

如圖般重疊兩個大小相同的長方形。請求出重疊部分的面積。

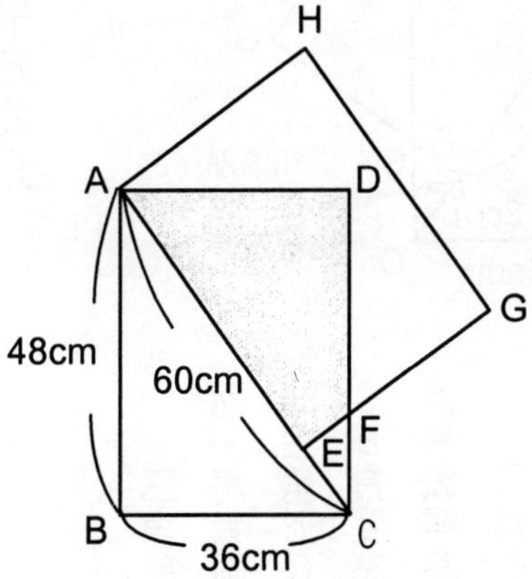

答

810平方公分

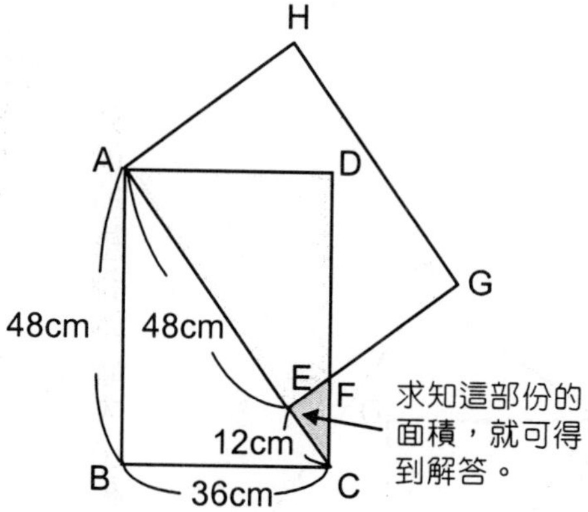

三角形ABC為直角三角形。三角形ACD亦然。兩者面積皆為36×48÷2＝864平方公分。故知三角形CEF也是直角三角形，只是較小型罷了。CE長度為60－48＝12公分；亦即將三角形ABC的邊長減縮為$\frac{12}{48}$倍，也就是$\frac{1}{4}$的三角形。

三角形CEF的面積，為三角形ABC的$\frac{1}{16}$（$\frac{1}{4}$的2平方），亦即54平方公分。從三角形ACD的面積扣除三角形CEF的面積，就是所求答案，想必你對此已經了然。

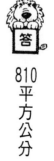

問45

現在再來復習雞兔算的問題吧！

75名小孩，想在遊樂園的池塘乘船。

池塘備有2人座和5人座的小船。

如果全部小孩分乘20艘小船，請問至少須2人座、5人座小船各幾艘？

答

2人座8艘、5人座12艘

這是雞兔算的應用問題。

如果全員乘坐2人座小船，則只有2×20＝40人能上船。請留意，這數目意味連5人座小船也由2人乘坐。

至於無法乘上船的有75－40＝35人。亦即須安排剩餘的人乘坐5－2＝3人的座位。

35除以3，商數為11、餘數為2，無法除盡。但這點不須介意，只要5人座的小船有12艘，馬上迎刃而解。

如全員乘坐 2 人座小船，則

$2\times20=40$(人)

然後在 5 人座的小船，每艘追加安排 3 人的座位。

$(75-40)\div3=11\cdots\cdots2$

因有餘數，故須 $11+1=12$(艘)小船。

$$1+\cfrac{1}{1+\cfrac{1}{1+\cfrac{1}{2}}}$$

或許你不曾嘗試這種計算，把握機會挑戰一番吧！

如左所示

按順序由下方的分數開始計算。

$$1+\cfrac{1}{1+\cfrac{1}{1+\cfrac{1}{2}}}=1+\cfrac{1}{1+\cfrac{1}{\cfrac{3}{2}}}$$

$$=1+\cfrac{1}{1+\cfrac{2}{3}}=1+\cfrac{1}{\cfrac{5}{3}}=1+\frac{3}{5}=1\frac{3}{5}$$

問47

近來的小學算術，係將圓周率視為約3進行計算。那麼，請思索以下的問題。

如圖所示，半徑1公分的圓內接一正六角形，請問圓周與正六角形的周長何者較長？

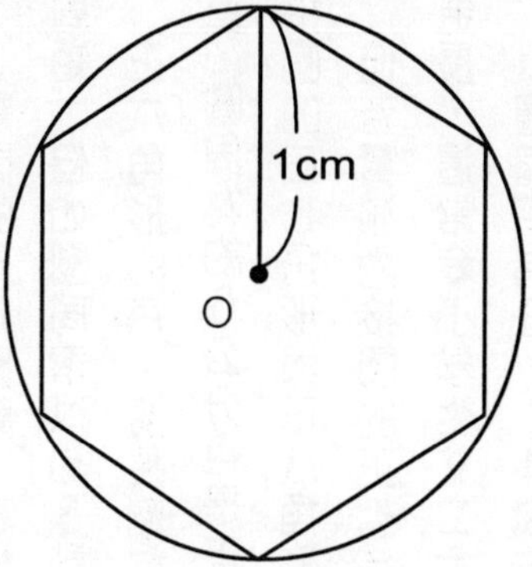

圓周率　約3

圓周比較長

2點間的最短距離，是連結此2點的直線，所以正六角形的周長理所當然比圓周短，但如圓周率以約3計算，情況就會發生變化。

正六角形的每1邊長剛好是1公分，故其周長為6公分。但如圓周率以約3計算，圓周為約6公分也是正解。如此，正六角形與圓兩者的周長則相等。此外，內接圓的正七角形與正八角形的周長，會較其外側的圓周更長。

但若實測內接圓的正七角形與正八角形的周長，卻又會發現其不比外側的圓周更長，這常令小學生丈二金剛摸不著頭腦。

以圓周率為3．14執行計算，誠然較麻煩，但將圓周率定為3，未免流於草率。

有A、B兩個數，A的$\frac{3}{7}$與B的$\frac{4}{5}$相等；又，A的$\frac{1}{4}$比B的$\frac{1}{3}$大16。請問A與B各是多少？

（類題・洛南高附中）

A 224、B 120

因A的$\frac{3}{7}$與B的$\frac{4}{5}$相等，所以B為A的

$$\frac{3}{7}\div\frac{4}{5}=\frac{3}{7}\times\frac{5}{4}=\frac{3\times5}{7\times4}=\frac{15}{28}\text{（倍）}$$

又因A的$\frac{1}{4}$比B的$\frac{1}{3}$大 16，故先進行以下的計算：

$$\frac{1}{4}-\frac{15}{28}\times\frac{1}{3}=\frac{1}{4}-\frac{5}{28}=\frac{7-5}{28}=\frac{2}{28}=\frac{1}{14}$$

即A的$\frac{1}{14}$相當於 16。故：

$$A=16\div\frac{1}{14}=16\times14=224$$

運用聯立方程式的計算方法，就能輕而易舉求算。否則，亦可用上述方法計算。小學生做起來顯然較辛苦。

問49

以時速18公里航行的船，朝著迎面的大斷崖鳴汽笛。4秒後，傳來該汽笛的回聲。請問船鳴汽笛時距離大斷崖幾公尺?至於音速，為每秒340公尺。

答

690公尺

船以每秒 5m 前進。

18000÷(60×60)＝5(m)……秒速

如下圖所示，船前進 4 秒的距離，與聲音前進 4 秒的距離相加，等於最初船的位置到大斷崖的距離的 2 倍。故依據

5×4＋340×4＝1380(m)

1380÷2＝690(m)

即可求算出解答。

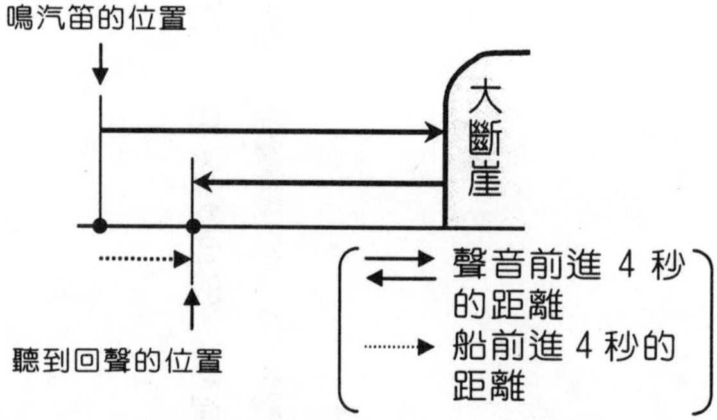

這是中學入學考試程度的問題，但令很多人感到棘手。

應注意的一點是，「在聽到回聲中間，船仍繼續航行」。船鳴汽笛的位置，和聽到回聲的位置不同。因其間船仍在移動中。

請算出以下各式。

$$0\times9+1=$$
$$1\times9+2=$$
$$12\times9+3=$$
$$123\times9+4=$$
$$1234\times9+5=$$
$$12345\times9+6=$$
$$123456\times9+7=$$
$$1234567\times9+8=$$
$$12345678\times9+9=$$
$$123456789\times9+10=$$

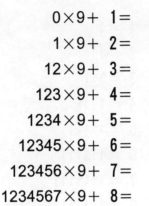

答

如左所示

$$
\begin{aligned}
0\times9+\mathbf{1}&=1\\
1\times9+\mathbf{2}&=11\\
12\times9+\mathbf{3}&=111\\
123\times9+\mathbf{4}&=1111\\
1234\times9+\mathbf{5}&=11111\\
12345\times9+\mathbf{6}&=111111\\
123456\times9+\mathbf{7}&=1111111\\
1234567\times9+\mathbf{8}&=11111111\\
12345678\times9+\mathbf{9}&=111111111\\
123456789\times9+\mathbf{10}&=1111111111
\end{aligned}
$$

問51

現在美琪10歲，父親40歲。父親的年齡是美琪年齡的4倍。

請問幾年後，父親的年齡會成為美琪年齡的3倍？

現在父親40歲
現在我10歲
雖然這和我不相干，但我8個月大

答

5年後

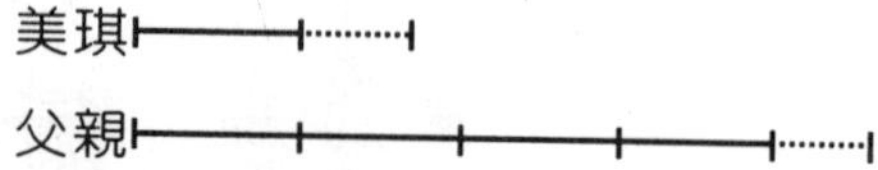

以如下方式探討

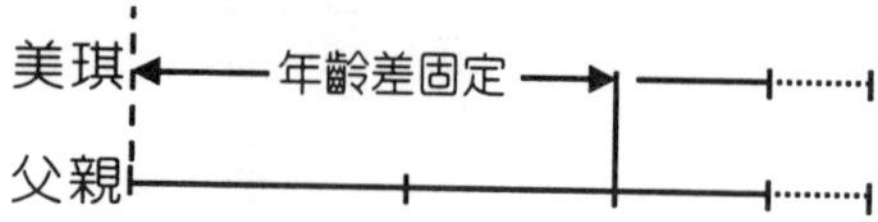

這稱為「年齡算」。類似此問題只要逐年增加歲數，而以嘗試錯誤的方式執行計算，就能解答。

作為解答更困難的問題時的基本，須應用「2人年齡差恒常不變」的性質。

美琪與父親的年齡差，無論歷經多少年都是30歲不變。當父親的年齡成為美琪年齡的3倍，意味「其年齡差等於美琪年齡的2倍」，故那種情況會發生在美琪15歲該年。

現有4張上面寫著2、3、6、9等數字的數字卡，請選擇2張卡並排，製成2位數的整數，請問以此模式整合的全部整數的平均數是多少？

55

就個位數而言，4 個數字出現的機率均相等。所以個位部分的平均為：

$(2+3+6+9)\div 4=5$

同時，就 10 位數而言，也是 4 個數字出現的機率均相等。所以其平均為 50。

兩數相加，55 就是答案。

由4張卡中選出2張並排，就能了解其並排方式的數目為4×3＝12種類。第1張卡片的選擇方式有4種類。選定第1張後，剩餘的卡有3張，由其中再選第2張，所以有3種類。將此二數相乘，即成為並排方式的數目（稱為順列）。

本問題十分簡單。只要將12種類全部列舉出來，再計算其平均即成。最犀利的解法是如上所示。

問53

將圍棋棋子排鋪成正方形，結果剩18顆棋子。

若將長與寬各增加4列，重排鋪成一新的正方形，則須再添用62顆棋子。

請問，原來的棋子數有幾顆？

答

82顆

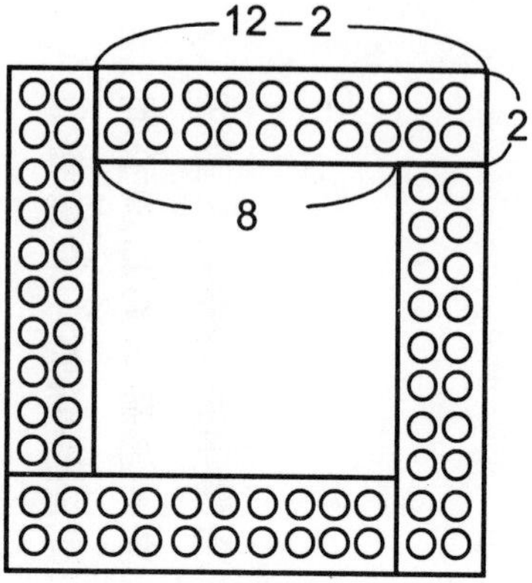

長與寬各增加4列，意指在原來的正方形外側，再排鋪2圈棋子。故須18＋62＝80顆。

如上圖所示，針對排鋪在外側2圈的棋子加以思考，比較容易計算。由之能了解，新正方形的1邊有12顆棋子。

因此，最初的正方形的1邊有8顆棋子。只要將其棋子數加上18，即為答案。

問54

孩子們經常搬動櫥櫃中瓶裝的蜂蜜。媽媽於是想出一個招術。她說：「你們聽好！如果你們能解答我的問題，就隨你們搬動吧！」她如圖所示般把瓶子排好。

在3層櫥櫃的每一層，均排放1．8公斤蜂蜜。瓶子依大小分為大、中、小3種類。

請問，各種類瓶子各能容納幾公克蜂蜜？

答　大600公克、中300公克、小100公克

首先，從櫥櫃的第2和第3層拿開小瓶子，則第2層剩2個大瓶子，第3層剩4個中瓶子。由此可知，大瓶子的容量為中瓶子容量的2倍。

接著，把小瓶子全放回，從第2層拿開2個大瓶子；並從第1層也拿開等量分，即大瓶子1個和中瓶子2個。如此第2層只剩小瓶子6個；同時，第1層剩中瓶子1個和小瓶子3個。故知中瓶子容量為小瓶子容量的3倍。

所以，可假設小瓶子容量為1，中瓶子為3，大瓶子為6。根據櫥櫃的第1層算出其總和，則6＋3×3＋1×3＝18。由於每1層重量都是1．8公斤，故小瓶子容量為100公克。

根據圖示，棋子3顆排成1列，共有3行列。請只移動1顆棋子，使3顆排成1列的行列，總計成為4行列。

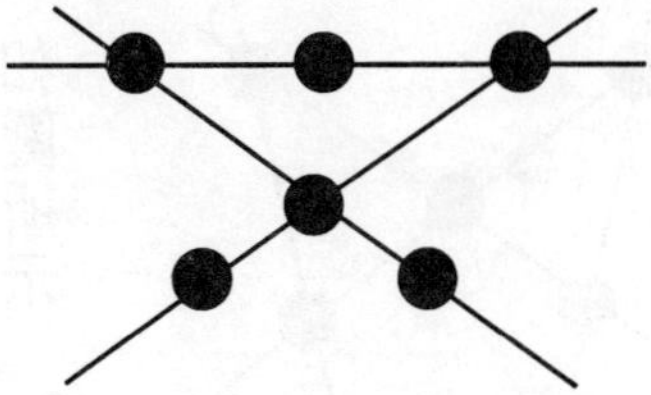

答

如圖所示

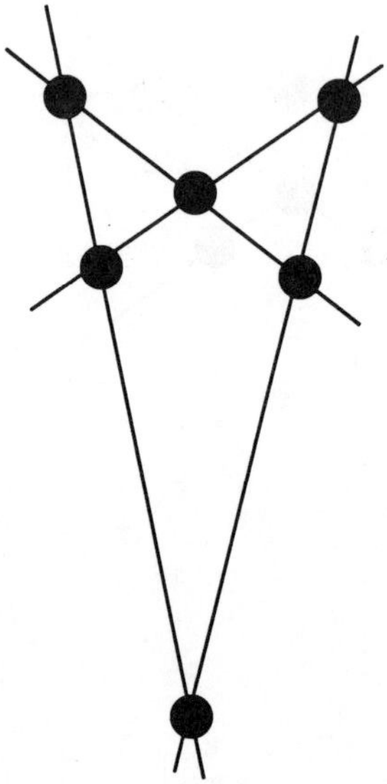

能在1分鐘以內解答這問題的人，可謂構思極其敏銳。因為多數人都是在原本有棋子的場所附近設想。

有飛躍性思維的人常有令人拍案叫絕的構想。但這種人畢竟很少數。

問56

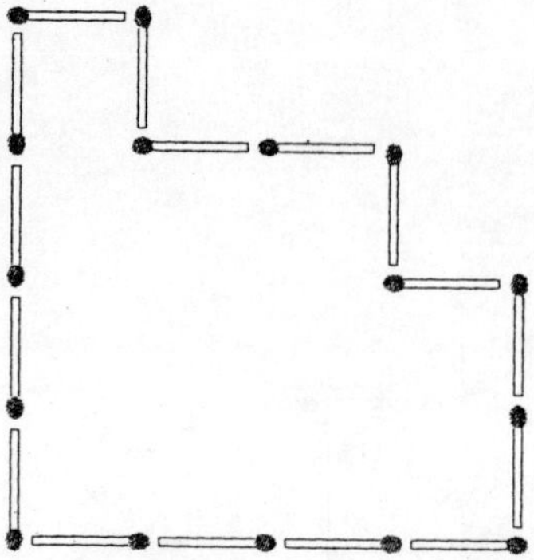

父親亡故，4個兒子繼承了如圖所示的土地。請用4支火柴棒將土地4等分成相同的面積和形態。以免造成兄弟鬩牆。

答 如圖所示

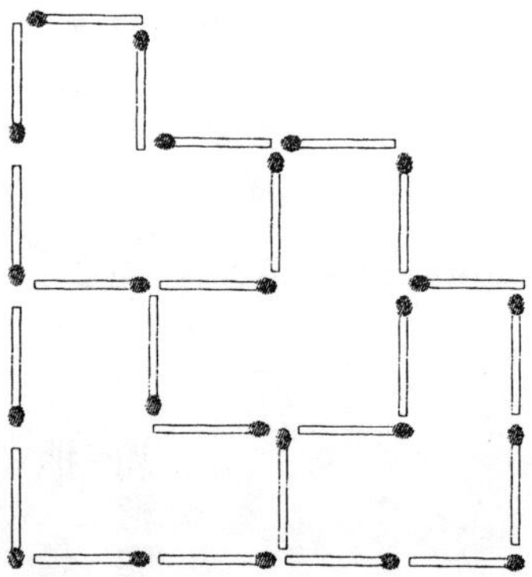

這是火柴棒題目中非常乾淨俐落的問題。借用方格繪圖紙，有助輕而易舉求得解答。

問57

今有7公升、9公升、12公升的容器。其中只有12公升的容器裝滿油。請在其中的1個容器裝進1公升的油。不過，容器可都沒有刻度喲！

答

如表所示經5次手續就能做到

次數	7公升	9公升	12公升
本來	0	0	12
1	0	9	3
2	7	2	3
3	0	2	10
4	2	0	10
5	2	9	1

這也是很著名的問題，稱為「分油算」。由於困難度高，所以縱使做不出來也別沮喪。

能解答這問題的人，算是擁有「能達成不可能的任務」的能力。其中竅門在於「堅持到完成為止的剛毅性格」。

問58

請至少各使用500圓、100圓、50圓、10圓、5圓、1圓硬幣1枚，總計15枚，合成750圓。

500圓1枚、100圓1枚、50圓2枚、10圓3枚、5圓3枚、1圓5枚

(500)＋(100)＋(50)＋(10)＋(5)＋(1)
＝666 圓

6種類硬幣，各使用1枚，總計為666圓。自750圓中加以扣除，則餘84圓。由硬幣枚數中亦扣除6枚，則剩9枚。以9枚硬幣組合成84圓。500圓和100圓的硬幣已不可能再使用。而能組合個位數4圓的，亦僅1圓硬幣而已。其餘的80圓，用5枚硬幣配組即成。如此一來，可知須50圓硬幣1枚。剩餘的30圓，用10圓和5圓硬幣組合即成。其枚數為4枚。

如只用10圓硬幣組合，則3枚即可；5圓硬幣2枚和10圓硬幣2枚，計4枚，也是組成30圓。

「使問題趨於簡單」，是數學訣竅之一。

問59

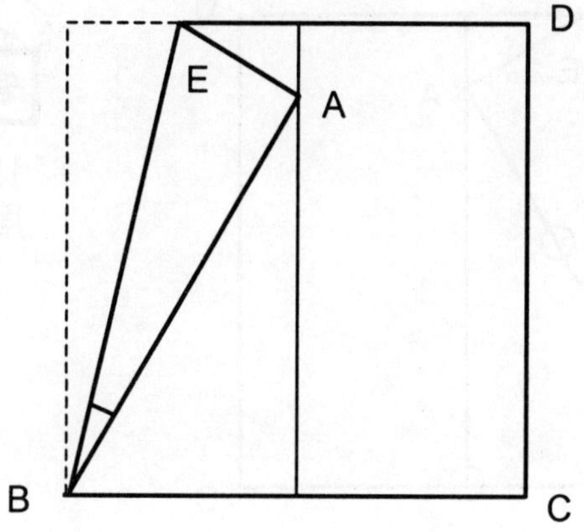

將正方形色紙對摺，中央留下摺線。

接著如圖示，將一邊摺疊，使其角正巧接觸中央摺線。

請問，角ABE的角度是多少？

答

15度

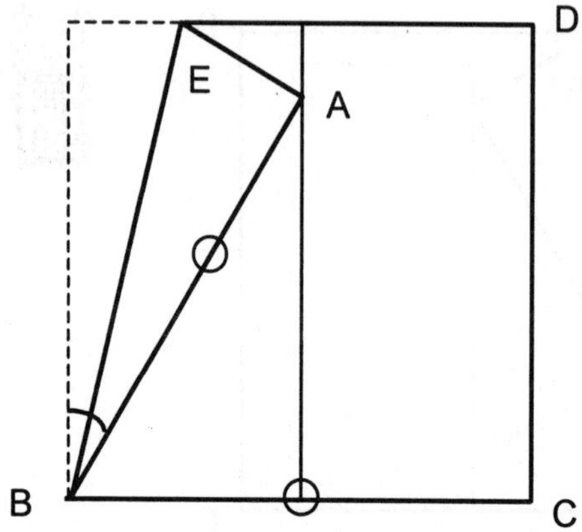

AB＝BC

比較ＡＢ與ＢＣ，因原為正方形，故其長相等。如果頂點Ｄ也摺疊觸及中央摺線，則在中央處應會形成正三角形。

所以角ＡＢＣ的角度為60度。90度減60度，即成為求算角度的２倍（因加以摺疊）。

這種摺法，是將正方形色紙摺成正三角形的基本。

問60

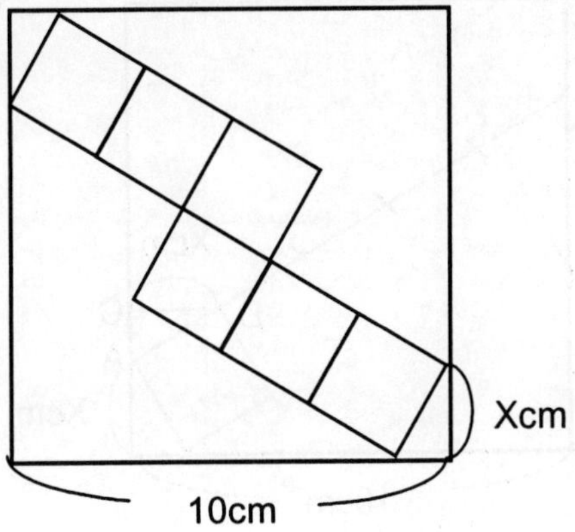

如圖所示，在邊長為10公分的正方形中，排比出了6個大小相同的正方形。請問X的值是多少？

（類題・神戶女學院中學）

答

2公分

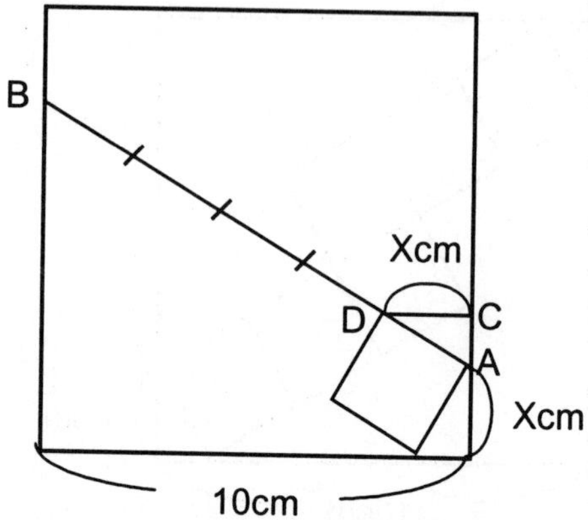

先思考上圖的ＡＢ。這條線因小正方形的排比，剛好被5等分。

故可了解×公分，恰是ＣＤ的長度。點Ｄ，是5等分ＡＢ的點之一，所以ＣＤ的長度為大正方形1邊的$\frac{1}{5}$。

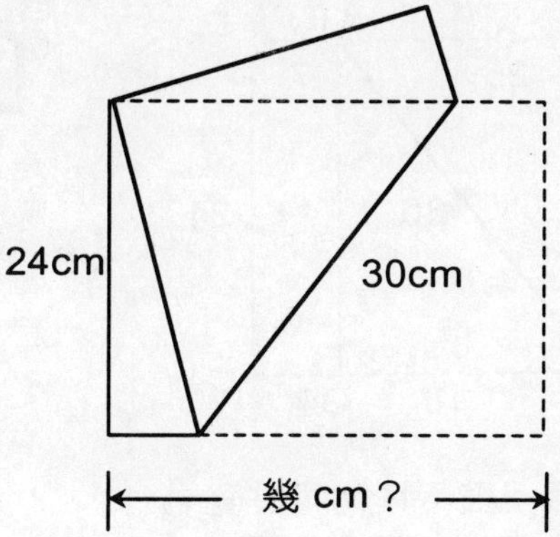

寬24公分的紙如圖示般摺疊。摺線長度恰巧為30公分。

請問，紙的長度是多少？

答

32公分

欲求解出這問題，得運用「三平方定理」，亦即「畢氏定理」。

圖中E與G之間的長度為18公分。

7與25的長度，是運用2次方程式求得。但因是整數，不妨嘗試用猜算法。

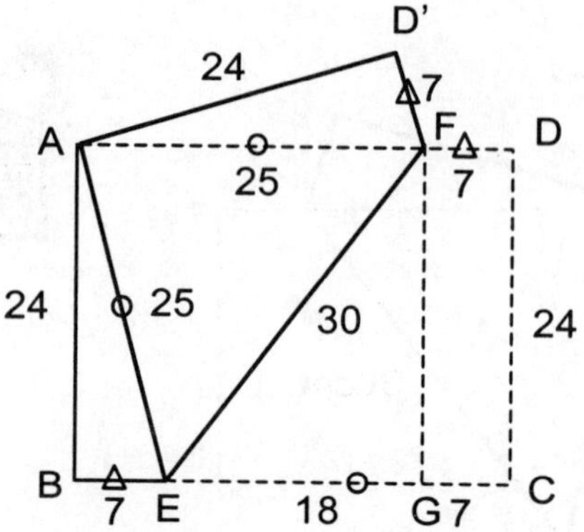

畫○和△處，表示其為同長度。

所謂三平方定理，即在直角三角形上，擁有 $a^2+b^2=c^2$ 的重要性質。

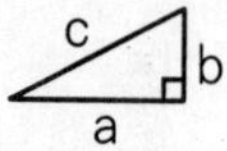

$$a^2+b^2=c^2$$

$3^2+4^2=5^2$ 等，是非常容易求算的數值。

問62

古時候，某一家庭擬決定繼承衣缽的人。孩子總共30人。其中15人，為母親的親生子；另外15人，為前妻所生。

母親令孩子們坐成圓形，宣佈按順時鐘方向計數，每數至第10人，即加以汰除（搶椅子遊戲的要領），而由最後留下的孩子繼承家業。

圖中，白子代表親生子，黑子代表前妻所生子。開始汰除的結果，被剔掉的都是黑子。於是殘到最後的前妻所生子說：

「這方法太不公平了。現在，請改由我開始數算吧！」

請問，結果會成為如何？

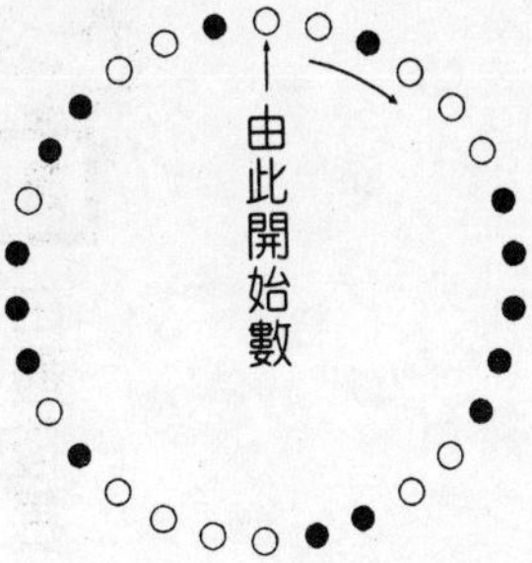

答　由最後提出建議的孩子繼承家業

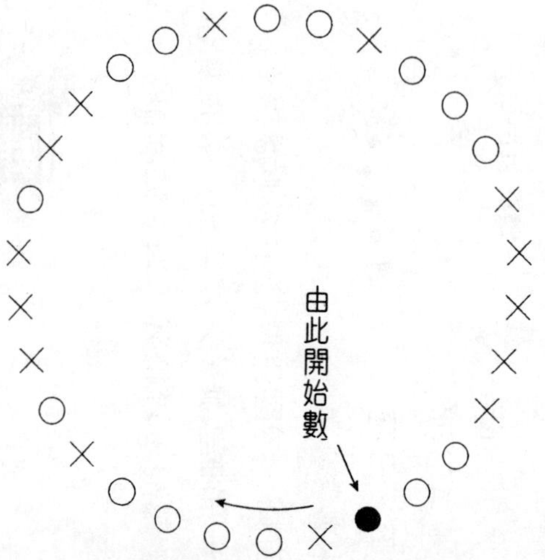

請按上圖嘗試。

兼好法師所寫『徒然草』一書中，曾提及「前妻所生子站起來」的題目。當時很風行類似的棋子遊戲。所謂「前妻所生子」，意指與現任妻子「無血緣關係的孩子」。

當時在外國，也非常盛行這類題目。可見它的流行是世界性的。

以下介紹希臘的數學題。請問畢氏（畢達哥拉斯）的弟子數為多少？

「才高八斗的畢達格拉斯啊
您是繆斯神的嫡傳
請告訴我
您有多少位弟子」

「我的弟子中
半數追求數之美
$\frac{1}{4}$追求自然的真理
$\frac{1}{7}$的弟子
則緊抿雙唇
陷入深深的思索中
其他尚有女弟子3人
以上就是我全部的弟子」
（摘自『希臘詩華集』）

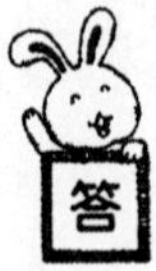

28人

$$\frac{1}{2}+\frac{1}{4}+\frac{1}{7}=\frac{25}{28}$$

故弟子數的 $\frac{3}{28}$ 多3人。

聽說畢達哥拉斯（BC580年左右—BC500年左右）這名字意味「太陽神阿波羅的代辯者」。他主張「智慧的探究」最為重要；又說「萬物之源就是數」。

到了50多歲，他創辦學校。據說設立了嚴格的戒律，有秘密結社的性質。故遭到反對派人士焚燒學校，多數弟子葬身其中。

畢氏最彪炳的著名功績是「三平方定理」與「正多面體只有5種類」；但他並未發覺無理數的存在。

問64

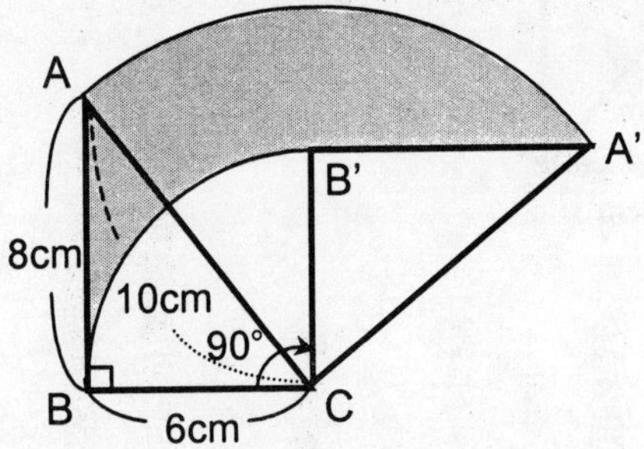

本圖是以直角三角形ＡＢＣ的頂點Ｃ為圓心，往順時鐘方向旋轉90度的狀態。請在圓周率為約3的條件下，計算：

①有顏色部分的周長為多少？
②有顏色部分的面積為多少？
①有顏色部分的周長為多少？
②有顏色部分的面積為多少？

答

①40公分　②48平方公分

①BB' $\frac{1}{4}$ 為圓周的 $\frac{1}{4}$。同理，AA'亦為圓周的 $\frac{1}{4}$。你是否已發現這一點？所以其長度應可計算得知（半徑r公分的圓之圓周，為約2×3×r公分）。隨之，AB與A'B'也是8公分。如此，周長也能簡單求算。

②面積較不易計算，但由上圖觀之，有顏色的ABD部分，與A'B'E部分剛好同形態。故知其為甜甜圈形的 $\frac{1}{4}$。同時，半徑r公分的圓面積為約3×r×r平方公分。自大圓的面積減除小圓的面積，就是甜甜圈形的面積。

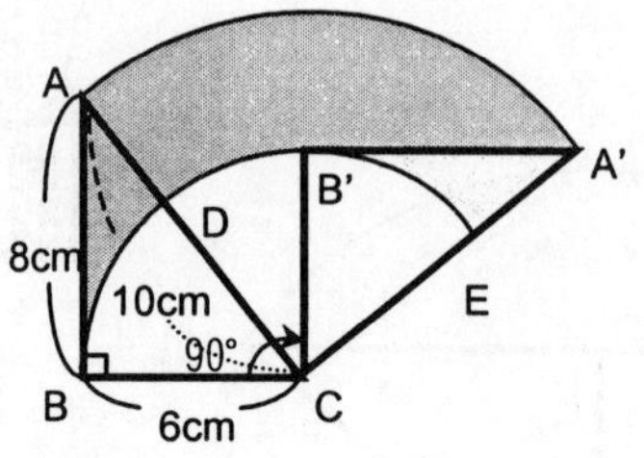

問65

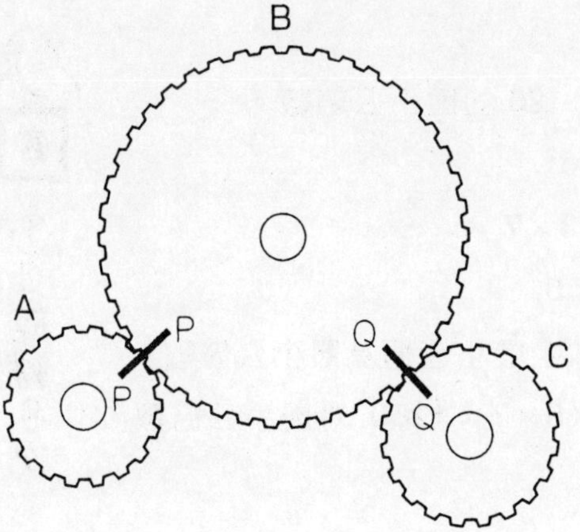

3個齒輪A、B、C，如圖般契合。就齒數而言，A有18個，B有42個，C則有20個。請問：

①A旋轉10次的同時，C旋轉幾次？

②在齒的契合部位如圖般標上P與Q的記號，則齒輪轉動回歸如圖的狀態當中，B共旋轉幾次？

（類題・京都女子中學）

答

①C旋轉9次　②B旋轉30次

對於①，首先，不必去顧慮A旋轉10次時，B旋轉幾次，故C又旋轉幾次……等等。關於B完全可不予理會。

當A旋轉10次時，等於齒數增加到18×10＝180；而C的齒數為20，故180除以20即可。

對於②，無異求算18、42、20的「最小公倍數」的問題。你是否仍記得什麼是最小公倍數？只須將求得的最小公倍數除以B的齒數42，就能求出旋轉數。

求算 18、42、20 的最小公倍數。

$18 = 2 \times 3^2$

$42 = 2 \times 3 \times 7$

$20 = 2^2 \times 5$

以上三個倍數中最小者稱為最小公倍數。

所以 $2^2 \times 3^2 \times 5 \times 7 = 1260$ 為最小公倍數。

問66

如圖般將骰子以相同朝向總計堆疊27個。
如將骰子相互接觸面的點數加以合計，請問總共是多少？

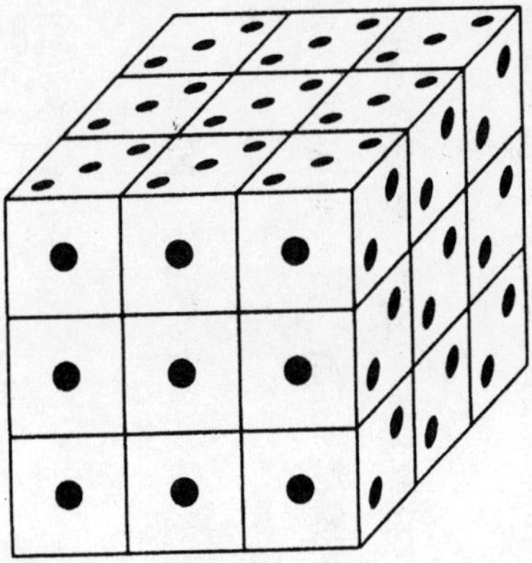

答 378

例如：前面有1的點出現9個，則類此的面在內部有2面，故1的點數被隱藏了18個。

以同樣方式思考，可知任一點數都被隱藏了18個。

合計1至6的點數，為21；將之乘以18，就是答案。

另一種解法為，先求算27個骰子點數的合計，即21×27＝567。至於外露的面，各點數均有9個，其之合計為21×9＝189。將此數扣除，即是解答。

問67

對於正整數反覆進行如下的操作：

①如為偶數，除以2

②如為奇數，乘以3後加1

例如對整數「20」，反覆進行類此操作，結果不久會成為「1」。

20→10→5→16→8→4→2→1

請問對於「27」如法操作，是否也會成為「1」？

答

雖然也會，可是須經112個步驟

這是相當需要耐性的題目。請利用計算機計算，因在整個過程中，數字可高達9232；用人手計算太辛苦了。

實際上，不管取哪一個正整數開始，可能都必然成為「1」，只是尚未聽聞加以證明的報告提出。

這乍看單純的問題，途中的過程卻極其複雜；可見連數學家也難以證明的問題所在多有。這可真是充滿了未知的世界啊！

問68

廁所滾筒衛生紙的直徑為12公分，其芯的直徑為4公分。請問，當長度為100公尺時，紙的厚度是多少ｍｍ？請以圓周率為3．14計算，並求至小數第2位或四捨五入。

（類題．麻布中學）

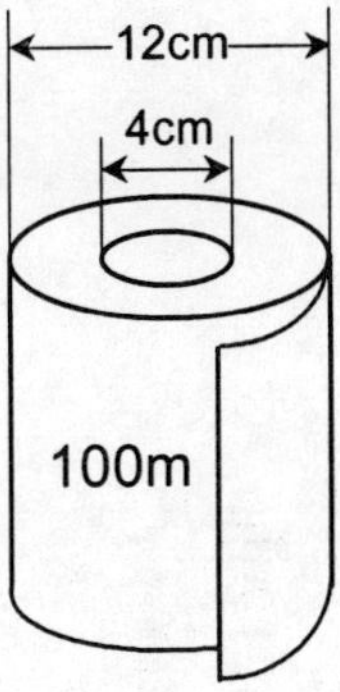

答

約0.1mm

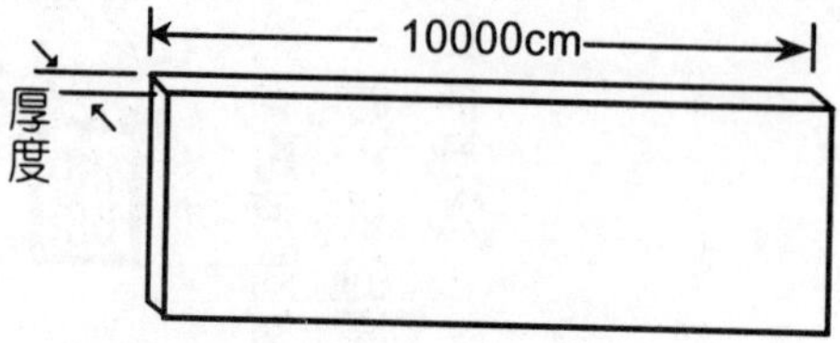

滾筒衛生紙的斷面積為

{6(半徑)×6−2(芯的半徑)×2}×3.14＝100.48(cm²)

以㎜求算厚度，則:

100.48÷10000×10≒0.1(㎜)

這卷衛生紙總長1萬公分。上圖為其全部拉長的狀態。至於上部的面，是一長方形，其1邊長1萬公分，另1邊則代表厚度。可解釋為其面積與滾筒衛生紙的斷面積相等。

或許感覺十分薄，但例如本書所使用的紙，厚度亦不過0.105mm。原本紙的厚度就是如此嘛！

問69

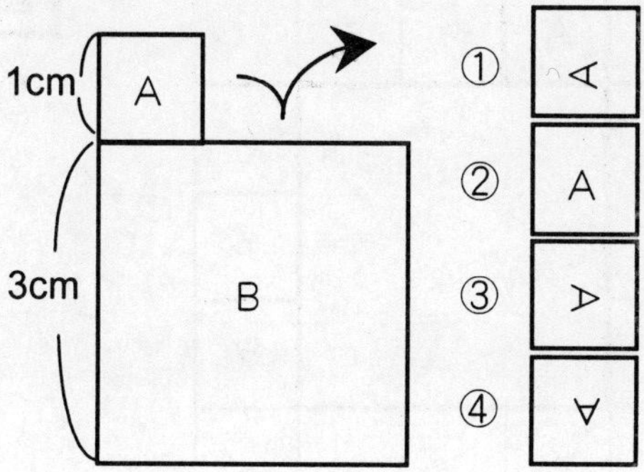

邊長1公分的正方形A，沿著邊長3公分的正方形B周圍滾動。當環繞1周回到原位時，請問A是朝哪個方向？

答 ②

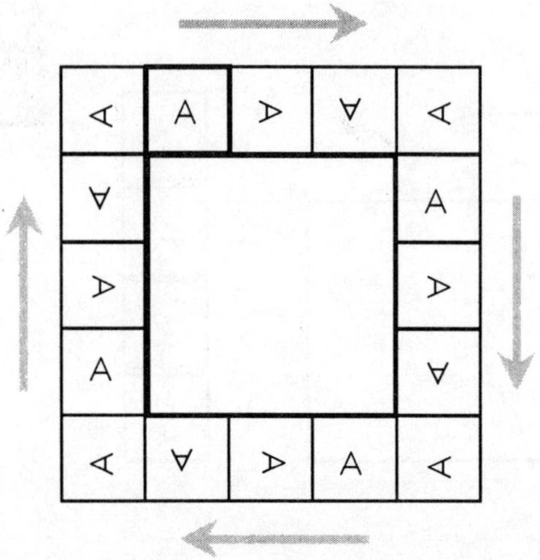

按如上所示的方式滾動。

請特別留意滾動到正方形B的轉角處的情形。在滾動10次以上後發生錯誤的人很多。

問70

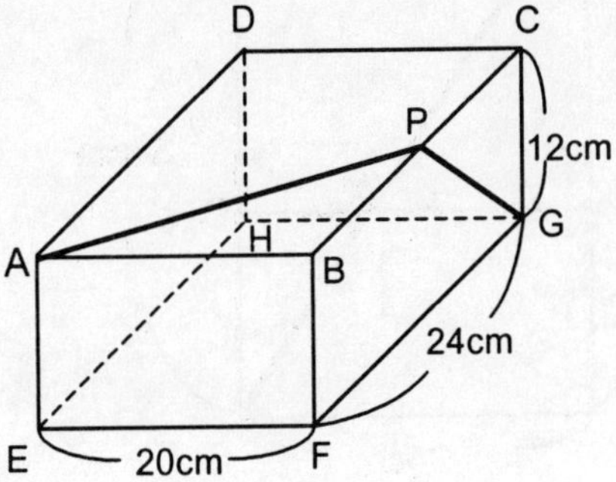

在如圖的立方體上，自頂點A到頂點G綁上繩子。則

①最節約的綁法需繩子幾公分？

②繩子與邊BC的交叉點P，是位在距離B幾公分處？

答

①40公分

②15公分

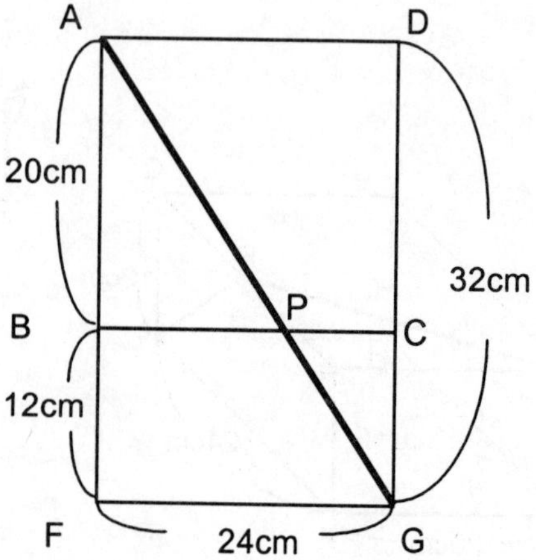

由展開圖可看出，Ａ到Ｇ的最短距離，等於「連結Ａ與Ｇ的線長度」。請務必記牢這一點。明星學校的入學考試經常拿類此問題當考題。

三角形ＡＦＧ的3邊為3：4：5型，故能輕易求算ＡＧ的長度。

此外，三角形ＡＢＰ則是同形態的縮小，所以ＢＰ的長度也很容易算出。

問71

①請問如左的星形中，共有幾個三角形？

②請問長方形中，共有幾個四角形？

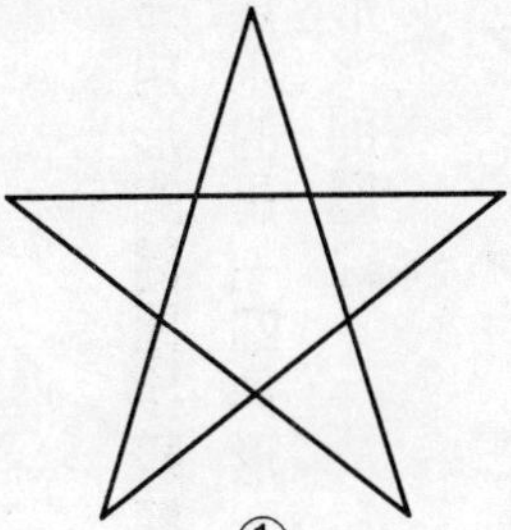

①

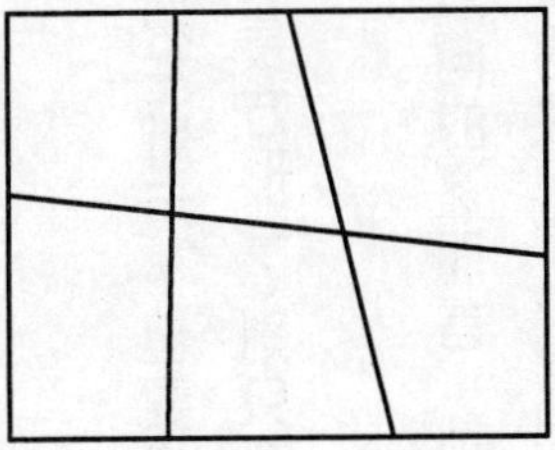

②

答 ①10個　②18個

找出三角形的問題比較簡單，僅如左所示。但要找出四角形的問題，就費事些。既然要求的是「四角形」，不限「長方形」，則只要有4個角的圖形（或有4個邊的圖形）即屬之。

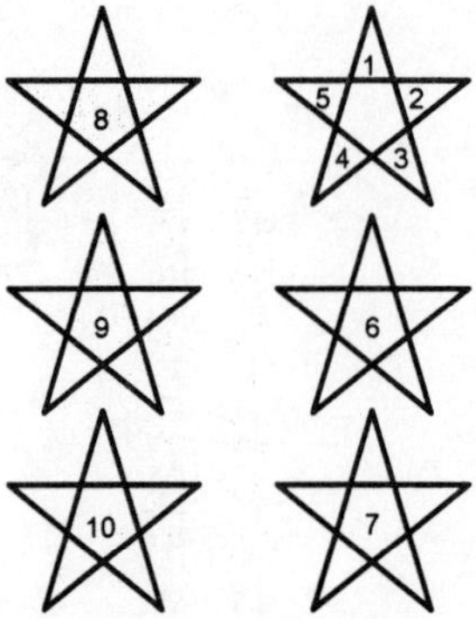

就橫方向的邊而言，只要從3條橫方向的線（含長方形本身的邊）當中選出2條即可，這可有3種類。

就縱方向的邊而言，只要從4條縱方向的線（含長方形本身的邊）當中選出2條即可。這可有6種類。

請問是否領悟了？不論橫的邊或縱的邊都能自由選出，故可用3×6求得。

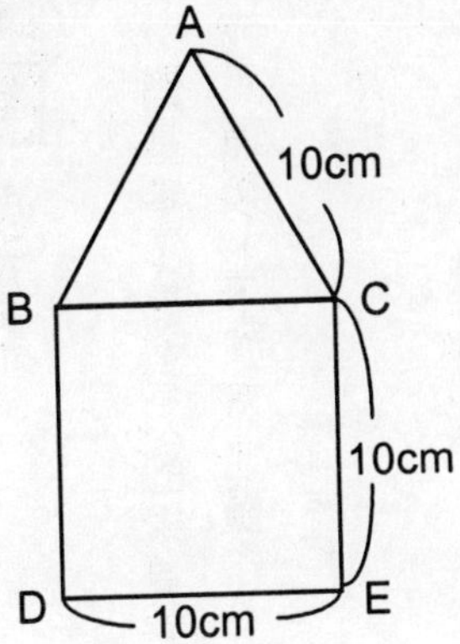

如圖所示，為一由邊長俱為10公分的正方形與三角形結合而成的圖形。

這裡另有黑棒和白棒，其長度亦皆為10公分。現在要把這兩棒置於圖的邊上。

條件是黑棒與白棒可以疊置，但兩者不得分離。

請問，棒的放置方法有幾種？

答

24種類

最基本，最有力的求算方法是，「將一切可能的情況」列出。若列出的僅及20或30種類，不妨實地操作一番。就這問題而言，其解法如左。

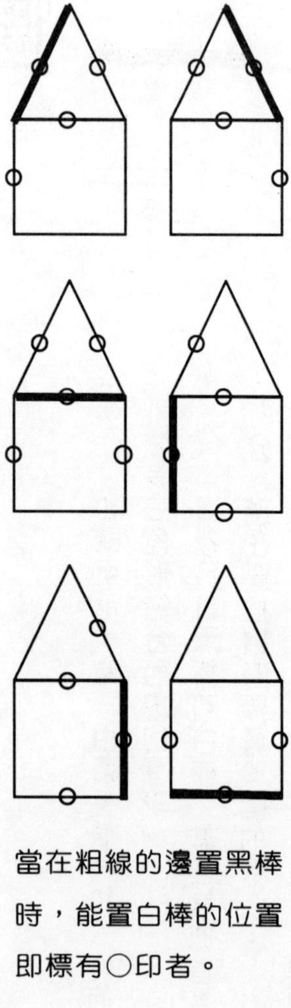

當在粗線的邊置黑棒時，能置白棒的位置即標有○印者。

問73

喜好數學的人，常對歷史考試等完全要求背誦的問題感到棘手。

針對以下問題：「請依據年代依序排列清朝各皇帝：雍正、康熙、嘉慶、乾隆、順治」，A全錯，故0分；B答對1項，故得1分。

但A嘟囔著「順、康、雍、乾」的順序是正確的，給他0分太不公平。

請問計分法若改採只要2事件的前後順序排列正確即給1分，2人各能得幾分？

順序	正解	A	B
1	順	嘉	嘉
2	康	順	乾
3	雍	康	雍
4	乾	雍	順
5	嘉	乾	康

A・6分　B・1分

由5個項目中取出2項，總計可排列10種類。

(順、康)、(順、雍)、(順、乾)、(順、嘉)、(康、雍)

(康、乾)、(康、嘉)、(雍、乾)、(雍、嘉)、(乾、嘉)

凡順序符合這10種組合的，各給1分。

B只見符合（順、康）；但A則在有關嘉慶皇帝的前後關係4種組合上不正確，其餘的6種類均無誤。

無論如何，就算勉強採取這種計分法，也沒多大好處，須要死背的科目就是令人生厭。

問74

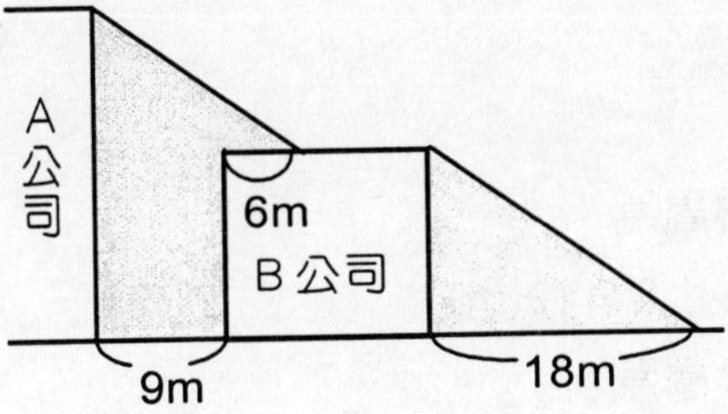

A公司與B公司大樓的影子，如圖示般地投影。

A公司與B公司相距9公尺，A公司的影子有6公尺投影在B公司的屋頂上。

同時，B公司的影子有18公尺長。

又，將1公尺木棒垂直豎地上，影長為1．5公尺。

請問，A公司與B公司的樓高各多少？

（類題．目白學園中學）

答

A公司22公尺、B公司12公尺

這是國中入學考試中屬相當標準水平的問題。

求算B公司的樓高很簡單。

能弄清楚A公司的影子，是9公尺與6公尺及18公尺的合計，就迎刃而解了。

B公司樓高為

$$18 \div 1.5 = 12(\text{m})$$

A公司樓高為

$$(9 + 6 + 18) \div 1.5 = 22(\text{m})$$

問75

這是四則演算各使用1次的計算式。請求出□中的值。

(□×1+1）÷1−1=9

(□×2+2）÷2−2=8

(□×3+3）÷3−3=7

(□×4+4）÷4−4=6

(□×5+5）÷5−5=5

(□×6+6）÷6−6=4

(□×7+7）÷7−7=3

(□×8+8）÷8−8=2

(□×9+9）÷9−9=1

答 均為9

這是所謂「9的魔術」的題目，不是很困難，形態相當優美。

以上介紹的問題，也十分具有美感，並且非常簡單。分母都是同一數，故不妨將分子合計後再思考（答案為4）。

$$\frac{1}{\square}+\frac{2}{\square}+\frac{3}{\square}+\frac{4}{\square}+\frac{5}{\square}+\frac{6}{\square}+\frac{7}{\square}+\frac{8}{\square}=9$$

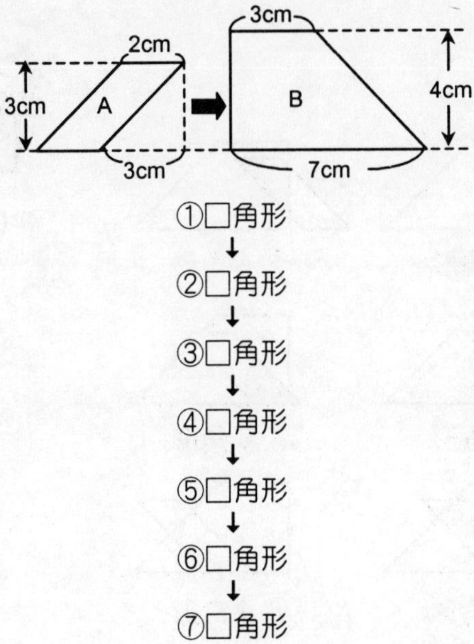

A圖逐漸由左向右接近B圖，如此持續進展，不久勢必與B重疊，然後越過B圖。

重疊部分隨著時間經過，形態上不斷發生變化。請按時間順序，將所演變的某角形全部寫出。

（類題．早稻田中學）

答

①3

②4

③5

④6

⑤5

⑥4

⑦3

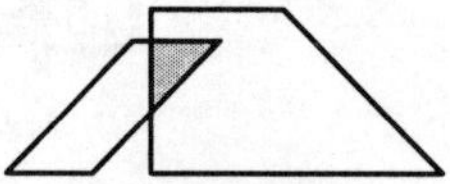

①3角形

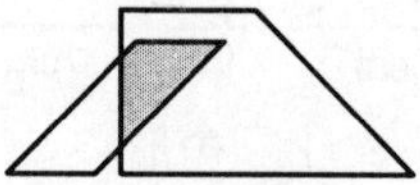

②4角形

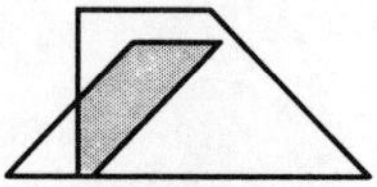

③5角形

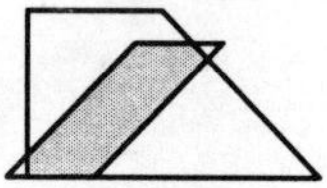

④6角形

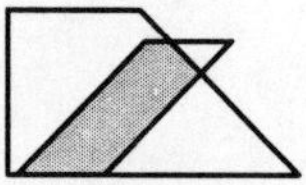

⑤5角形

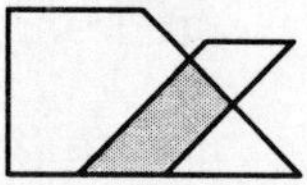

⑥4角形

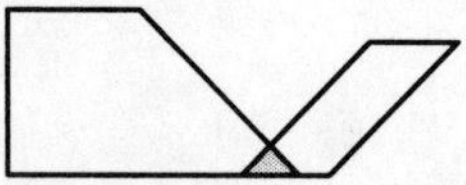

⑦3角形

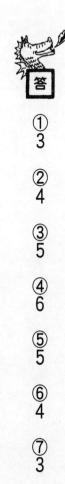

問77

芳小姐外出購物，在第一家商店把帶去的錢花用了其中的$\frac{1}{3}$再加上2000元；在第二家商店又用掉了剩餘的錢中的$\frac{1}{3}$，再加上2000元。最後，剛好剩下1萬元。請問她最初攜帶多少錢？

答 3萬元

最後剩下的若是1萬2000元，即意指2次購物剛好用掉當時所擁有金錢的$\frac{1}{3}$。此際，她一開始攜帶的應是1萬8000元。

既如此，第一次購物用掉$\frac{1}{3}$，理應剩餘1萬8000元＋2000元，即2萬元才對。所以是帶了3萬元去購物。

問78

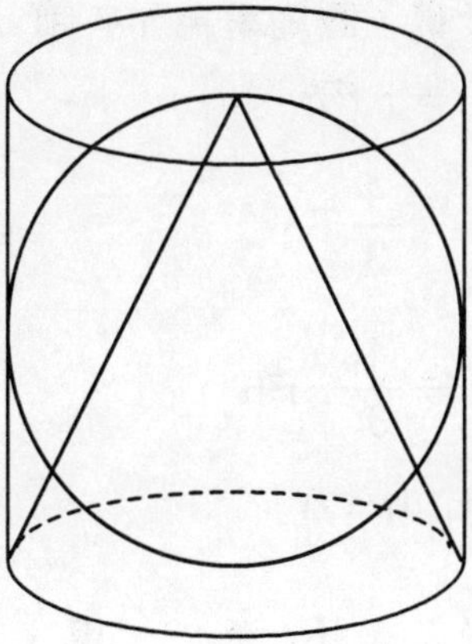

聽說阿基米德的墓碑，雕有圓柱及與之內接的球體。

請就如圖所示的圓柱、與其內接的球，以及底面積和高度與圓柱相等的圓椎，三者在體積上的比？

答

3比2比1

球的半徑為 r 時，圓柱的高 h 為 2 r。按中學生的方式計算，圓周率為π，則

$$圓柱體積 = \pi r^2 h$$

$$球體積 = \frac{4}{3}\pi r^3$$

$$圓錐體積 = \frac{1}{3}\pi r^2 h$$

此處請使用　h＝2r

阿基米德（BC287年—BC212年）生於西西里島的錫臘庫札，幾乎終其一生在此度過。

當羅馬軍攻進城裡時，他正在地上畫圓圈思考中。羅馬兵踩到了他的圓，他怒不可遏，結果不幸被殺。

聽說敵人後來懊悔殺了偉大的阿基米德，所以為他建築墓地。

他的功業彪炳，包括有關浮力的「阿基米德原理」和「圓周率的近似計算」等。

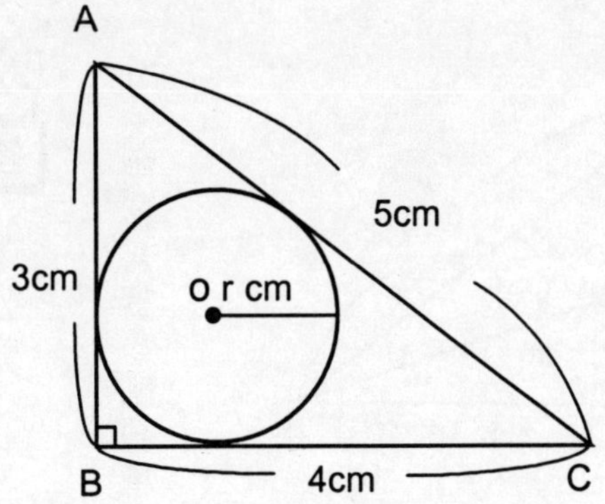

如圖所示，點O為直角三角形ABC的內心（內接圓的中心）。請算出內接圓的半徑r公分。

類此的計算法你學過嗎？

答

1公分

三角形ABC的面積為底邊×高÷2，等於6平方公分。

請如上圖般，將3個頂點與點O連結，分割成3個三角形進行思考。然後將原三角形ABC的各邊，各視為3個三角形的底邊。

此際，這3個三角形的高，均為r公分。這就是內心的性質。

於是，將這3個三角形的面積，運用底邊×高÷2計算，再全部合計，當與全面積6平方公分相等。

如此，要算出r就易如反掌了。

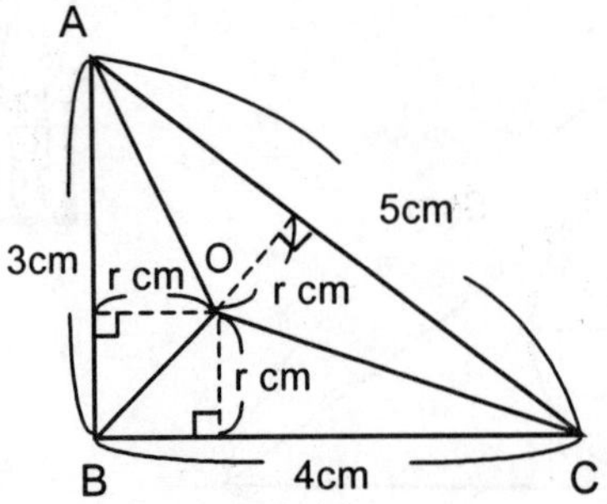

問80

如圖所示般截開立方體，恰巧出現一正六角形。

請在展開圖上，將所有截切線都描繪出來。

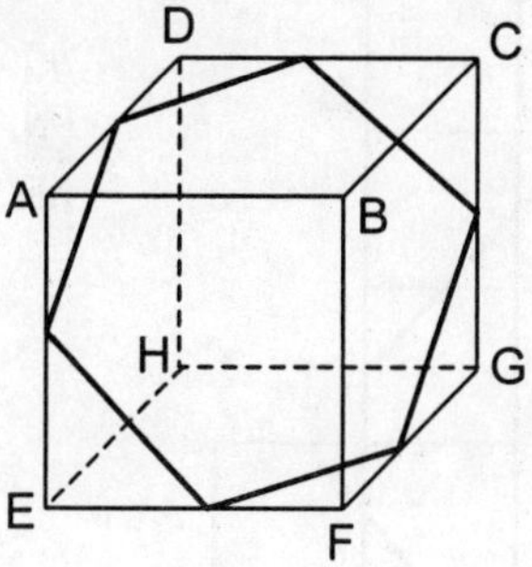

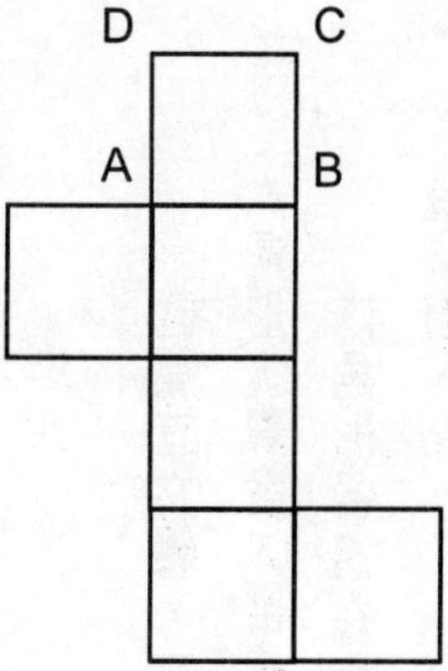

答

如圖所示

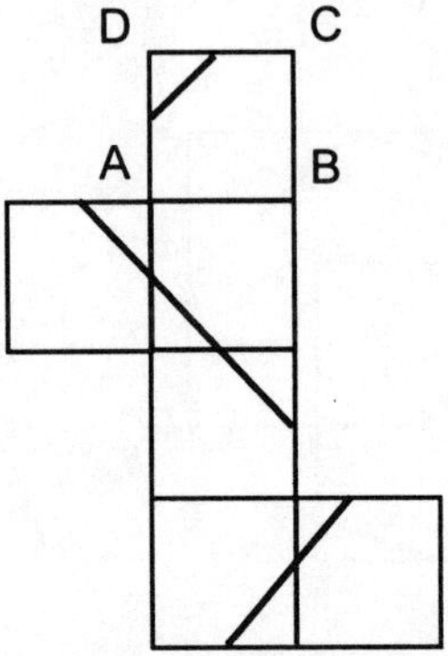

截開立方體，竟能使切口形成正六角形，真令人匪夷所思。

六角形各邊長均相等，想必你能確認這一點。

若再考量立體的對稱性，就能理解其各角度數亦均相等。

此外，再觀察六角形的對角線與平行的邊，自能領會六頂點恰處於同一平面上。

問81

圓形賽車場正舉行自行車競賽。A時速25公里，B時速20公里。每隔9分鐘，A就會追過B1次。

請問若2人以反方向繞騎自行車，每隔幾分鐘會相會1次？

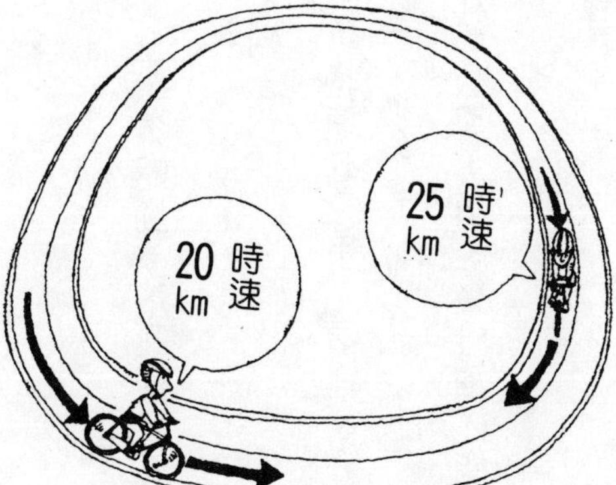

答 每隔1分鐘

這問題的難處，在於圓形賽車場的長度未說明。但只須略動一下腦筋，就能將它計算出來。賽車場的周長為750公尺。

但縱使沒有計算賽車場的周長，也不難解答這問題。

2人同方向繞圈子時，25－20＝5，故可了解「以時速5公里，須經9分鐘才能繞完1周」。

以反方向繞騎時，25＋20＝45，故成為「以時速45公里，須經幾分鐘才能繞1周」的問題。

時速45公里為時速5公里的9倍，故所需時間為其$\frac{1}{9}$。

問82

請利用電子計算機。

在學生人數為40的班級裡，生日相同的人約佔多少機率？但假設沒有人2月29日誕生。

你以為用40除以365成嗎？那你錯了！

答

約接近九成的機率是生日相同

多數人會假設自己就在那班級裡，而思考除自己以外的39人，都和自己同一天誕生的機率。但這是不對的。

首先，要計算的是40人生日均不相同的機率。其計算模式為，借助點名簿上的號序，第1號的生日是哪一天都無所謂，則第2號的生日可有364種類，第3號有363種類，第4號有362種類……等。

然後將其計算結果，由1扣除。你會對那答案大吃一驚！你也不妨集合幾十人，實際上試作一番。

先進行如下的計算

$$\frac{364}{365}\times\frac{363}{365}\times\frac{362}{365}\times\cdots\cdots\times\frac{326}{365}\fallingdotseq 0.109$$

由1扣除這數值即可。

問83

這裡有2位數的整數，若將其10位的數字與個位的數字相乘計算，如此持續操作，最後其答案會成為個位數（如左所示）。

最後會成為3的2位數，只有13和31。

請求最後會成為□的2位數，只有□和□二個。

（類題．洛星中學）

假設2位數為86，

則

$8\times6=48$

↓

$4\times8=32$

↓

$3\times2=6$

答 最後會成為7的，只有17和71

這問題和有關「質數」的想法相連繫。所謂質數，指只能以1和該數本身除盡的數。

若最後的個位數不是質數，應從3種類以上的2位數逐漸演變。例如4可按1×4，或4×1，或2×2加以組合。

由於個位的素數只有2、3、5、7，故如上圖的模式回溯思考即可。

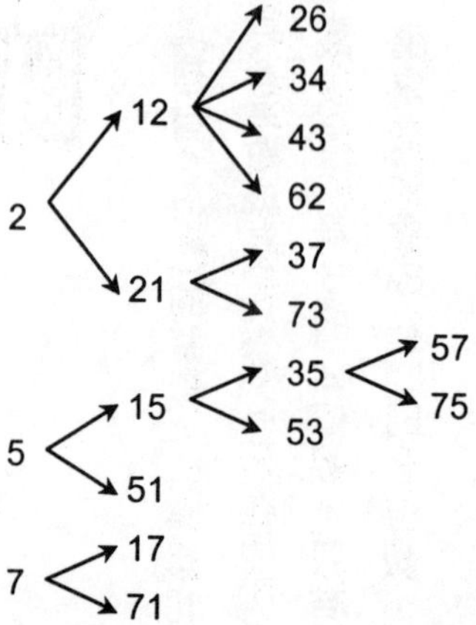

問84

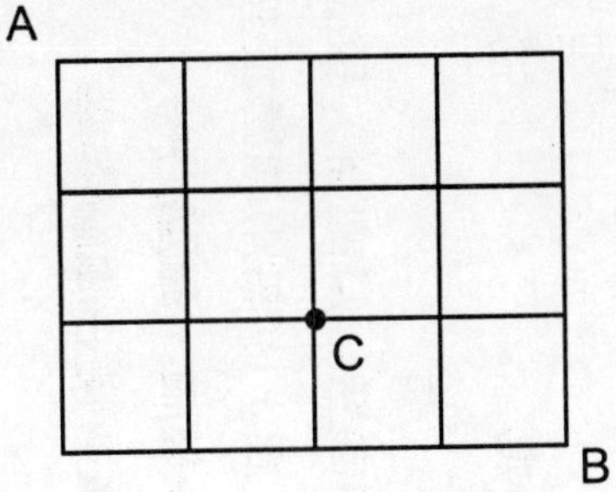

如日本京都與札幌般由東西與南北的道路構成的城市，以最短距離到達目的地的路線有多種。

①請求出由A到B，不繞道迂迴行走的方法有幾種？

②又請問當C在工事中，禁止通行時，又有多少種行走的方法？

（類題．費理斯女學院中學）

答 ①35種　②17種

雖然這是中學入學考試常見的題目，但罕有成人能正確解答。

①的問題，是縱走了3畫區，橫走4畫區，就能由A到達B。至於其順序，則有數種安排法，與「3＋4＝7畫區中，如何使3個縱畫區分散」之類的問題相同（亦可從「如何使4個橫畫區分散」進行思量）。

以數學而言，若清楚「自7個中選擇3個組合」的問題，就能輕而易舉解答。如仍不了解，則請一個個畫區地直接挑戰。

其次，有關②的問題，是求出A通過C，到達B的路線數目；再取①的結果，自其中加以扣除即可。

由7個選擇3個時的種類數目

$$\frac{7\times6\times5}{3\times2\times1}=35$$

問85

300名俘虜，分別編以1到300號。凶狠的希斯特將軍發出命令：

「只留下號碼能用2和3除盡，但不能用5除盡的俘虜，其餘的一概格殺！」

或許俘虜未必任由格殺，但假設都乖乖聽命，能有幾人殘存？

答

40人

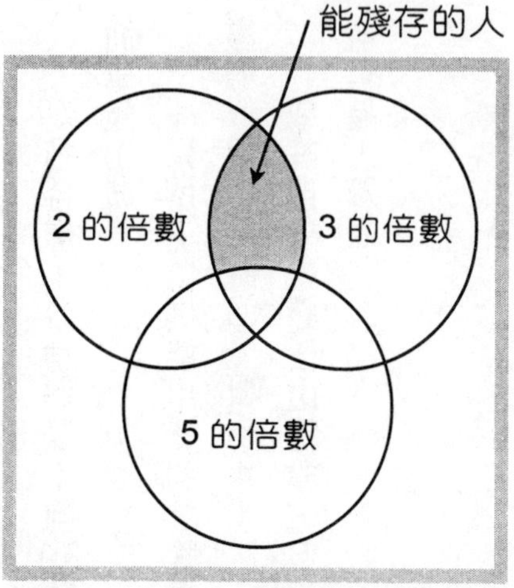

2和3都能除盡的數，必為6的倍數。其人數有50人。

其中又能被5除盡的數，必為30的倍數。在300人中，有10人。

自50人扣除10人，就是殘存的人數。

這問題能通過集合思維圖示之。數學的概念是相互貫通的。

問86

於是，300名俘虜計劃利用深夜遁逃。

可是集中營的出口有A、B、C，3盞探照燈，周期性地照射。A每隔3秒、B每隔4秒、C每隔5秒各照射1次，每次照射1秒鐘。此外，每1分鐘的最後5秒，士兵還會通過出口前面。

剛好在凌晨3點，所有探照燈一起照射出口1秒鐘；而能遁逃的時間是在凌晨4時之前。假設每人逃走得耗2秒，請問能有幾人逃脫？

答

300人全數逃脫

3與4與5的最小公倍數為60。故可解釋為每隔60秒，即1分鐘為1周期，而兵士通過出口的周期亦然。

如圖示般在時鐘的文字盤上，將凡是無法遁逃的部分均加以剔除。其結果是，每隔1分鐘，連續2秒的空檔總共留下5個。所以在60分鐘內，剛好300人都能順利逃走。

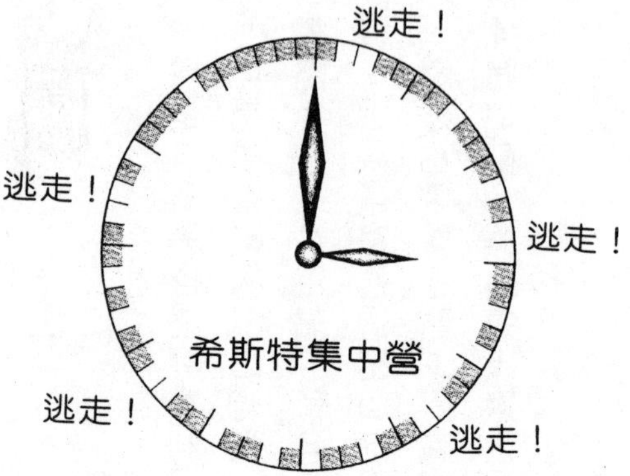

問87

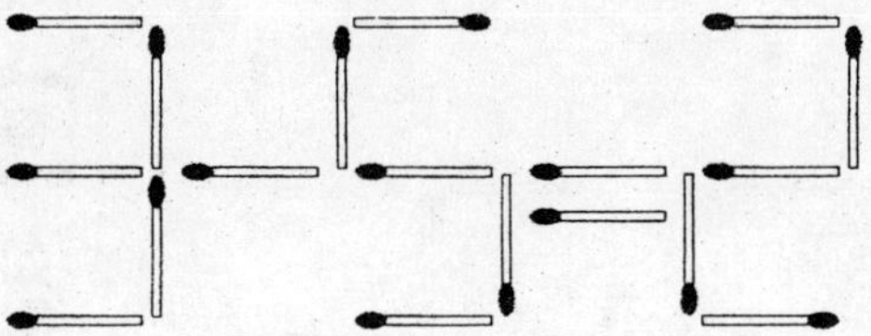

這是運用火柴棒的題目。針對圖示中錯誤的公式，請限移動一支火柴棒，將其修改為正確。

答

如圖所示

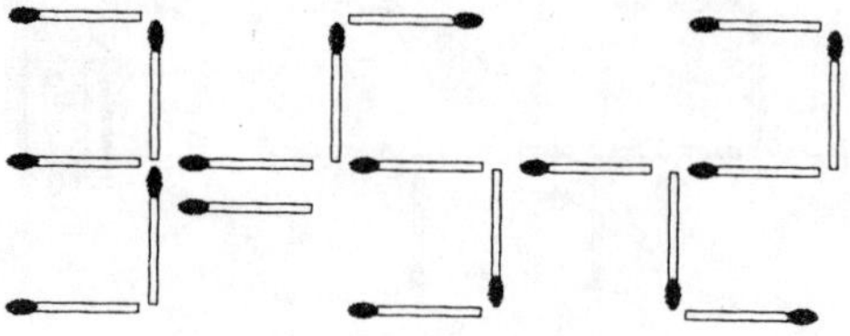

在此順便介紹一個問題，「用12支火柴棒所能組合成的三角形，共有幾種類？」

三角形的邊長，擁有「2邊的和大於其他1邊」的性質。據此可能組成的僅「2·5·5」、「3·4·5」、「4·4·4」種類而已（此外，「3·4·5」的三角形也有反面形）。

問88

所謂不舒服指數，是運用乾球溫度計所示的值與濕球溫度計所示的值，按下式求之。這就是表示悶熱的指數。

請算出乾球溫度為34度、濕度溫度為32度時的不舒服指數，算至小數第1位後四捨五入。並請勿使用電子計算機。

不舒服指數＝（乾球溫度＋濕球溫度）×0.72＋40.6

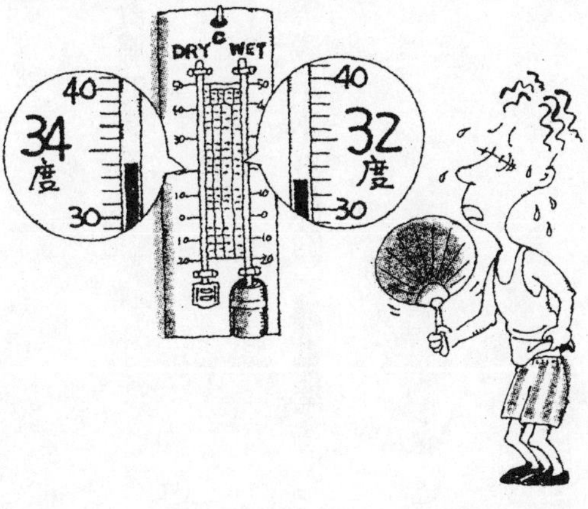

不舒服指數88

當不舒服指數到達70以上時，一般而言就是不舒服的狀態。

75以上時，半數以上的人均感覺不舒服。

85以上時，多數的人均感覺非常不舒服。

但這數值中並未考量風的強度等，所以只宜作為表示不舒服的一種基準。

問89

請使用如圖所示的4個三角形和1個正方形，重組成另個正方形，但不能重疊或切割。

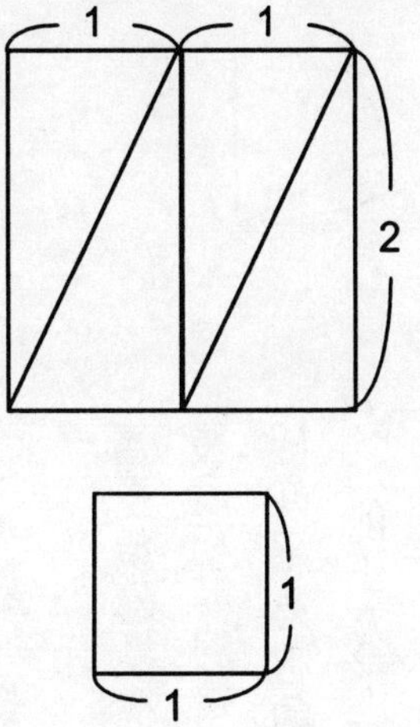

答

如圖所示

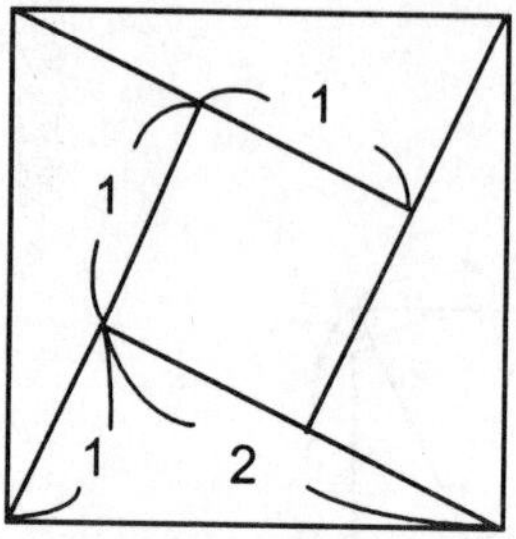

這是須轉換構思的題目。小正方形須斜斜地安排，同時長度相等的邊不可鄰接。

認知平方根的人，不妨設定「1邊為5的平方根（$\sqrt{5}$）的正方形」作為目標。

如此一來，問題就簡單了。因為被賦與的三角形斜邊為$\sqrt{5}$，只要視其為正方形的1邊即可。

解決問題的要旨是，「尋找合理的目標」。

問90

請將1至9的數字，各使用1次填入□中。

□＋□＝□

□－□＝□

□×□＝□

答

如左所示

4＋5＝9（4與5順序相反亦可）

8－7＝1

2×3＝6（2與3順序相反亦可）

想解答這類問題，須儘量鎖定「可能情況的數」。

若著眼於乘法，則知可能情況只有「2×3」和「2×4」而已。

如選用「2×4＝8」，則會使用到3個偶數，亦即只剩下6。此時再執行加算或減算，當奇數互減或互加時，結果均必成為偶數，故這也不可能。

既然如此，能夠取決的乘法就只剩「2×3」了。接著再思量另外兩式，即可簡單求出答案。

這是相涉龐大數目的問題。想運用電子計算機的話，悉聽尊便。

這裡有一個數目，它乘以29的結果，等於在它前後各添加1位同一個數字。

請找出這原本的數。

$$
\begin{array}{r}
ABCDE \\
\times \quad\quad 29 \\
\hline
x\,ABCDE\,x
\end{array}
$$

x 為 1 至 9 的整數。

ABCDE 不限 5 位數，說不定更長。

答

請在電子計算機上試著按打52631579，再乘以29

這問題很高級，難以用數字求答，請採用上面介紹的方法。

設原來的數有 n 位數，並將其以 A 總歸之。

前後各加 1 位數 x，則如下式計算

$29\times A=10\times A+(10^{n+1}+1)\times x$

然後變為如下

$19\times A=(10^{n+1}+1)\times x$

x 是 1 位數，所以 $10^{n+1}+1$ 為 19 的倍數。

按順序由 n 的小值，通過電子計算機調查，會成為

$10^9+1=19\times 52631579$

這是魔方圖問題。請在圖的空格填上1至9的數字，每1數字限填1次，使直、橫、對角線之和，均成為相同。這也是自古以來就有的老題目。

?	?	?
?	?	?
?	?	?

答

如圖所示

將1至9的數目全部合計，為45。須將這和數適當分配在3行及3列才行，故知各行各列的和皆為15。

如能理解居最中間的數為5，就更便於思考。

當然，將右圖翻面或轉動，所形成的魔方圖也是正解。

值得一提的是，「魔方圖」又稱「九宮縱橫圖」。

2	9	4
7	5	3
6	1	8

問93

相當於數字「0」的概念，早於紀元前400年左右，就已在美索不達米亞出現。但據說一直到7世紀左右，才在印度肇始了類如現在的使用法。

請問，將3位數全部記寫出來，總共須用幾個「0」？

（類題·親和中學）

180個

所謂3位數，指從100至990，共有900個數。

其中，「個位」的數字為0者，恰巧是所有個位數的$\frac{1}{10}$，故有90個。

至於「10位」的數字為0者，亦恰巧是所有10位數的$\frac{1}{10}$，故亦有90個。不過，「100位」的數字可就沒有0了。

問94

稱為「老鼠會」的直銷法，業經禁止了。以下介紹日本江戶時代的數學書籍『塵劫記』所載的正宗「老鼠算」問題。這是考驗計算力的問題，故請勠力以赴。要提醒你的是，如果你的電子計算機僅及於10位數，就不濟事了。

正月時，鼠父母產下12隻小鼠。親子合計，共14隻。這14隻到2月時，又交配產子。親子合計，共98隻。每月循此模式增加，請問到12月時會成為幾隻？

答 書上記載的答案為「二百七十六億八千二百五十七萬四千四百二隻」

計算式為「2×7^{12}」。

諸如此般的「老鼠算」，增加急速，很快成為如天文學上的數字般。

例如第1天1元、第2天2元、第3天4元……每天獲得2倍於前一天的額數的零用錢，到第30天，所能領到的零用錢在5億元以上，30天期間的合計金額，則超越了10億元。

如果這成為事實，多令人興奮！

問95

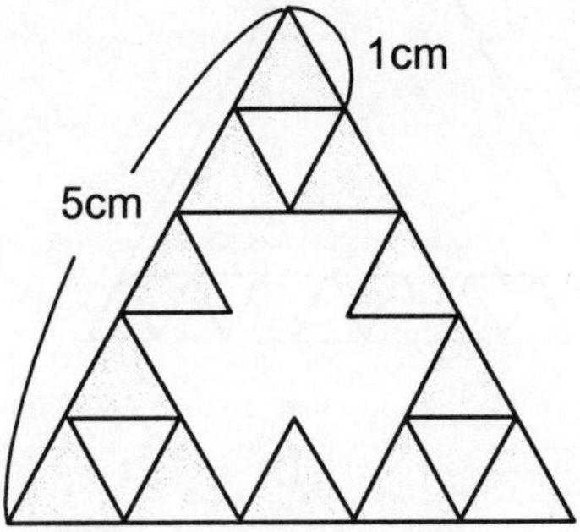

將邊長1公分的正三角形色紙，鋪排成外形亦成正三角形的圖形。上圖所示，是1邊為5公分時的排法。

①請問排成1邊為8公分的正三角形，須幾張色紙？

②排成1邊為8公分的正三角形後，如欲將其中的空間全部排滿，請問尚須幾張色紙？

答

①21張　②43張

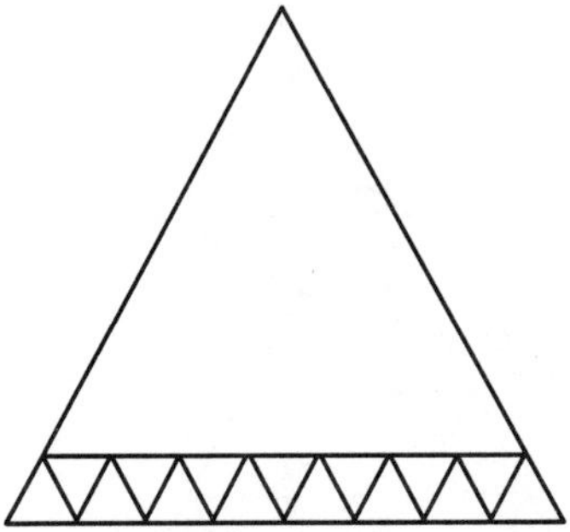

①1邊各排8張，相當3個頂點的部分會重複，故須扣除3張。

②先將8公分的正三角形全部排滿。此際，如上圖所示，最下層須15張。由此往上一層須13張；再往上一層須11張；如此依序各減少2張，直至最上層，為1張。總計共64張。然後扣除①的答數21張。

若直接取64張色紙，敷排成邊長8公分的正三角形，就更簡單了。當邊長8倍時，其面積會成為其平方，亦即64倍。

問96

運用於左式的A、B、C、D，都是不同的數字。請完成這算式。

（類題・甲陽學院中學）

$$
\begin{array}{r}
ABCAB \\
\times \quad 9 \\
\hline
DDDDDD
\end{array}
$$

答 如左所示

$$\begin{array}{r} 74074 \\ \times \quad\quad 9 \\ \hline 666666 \end{array}$$

這算式的結果，必是9的倍數

既為9的倍數，則將每一位數的數字總計，其值必能用9除盡。

所以須使D×6能以9除盡，而D也能以3除盡才行。

如此，D唯有在3、6、9中擇一而已，故倒過來計算，就能選擇出適當者。

同時要提醒你的是，3的倍數，也是將每一位數的數字總計起來，其值必能用3除盡。

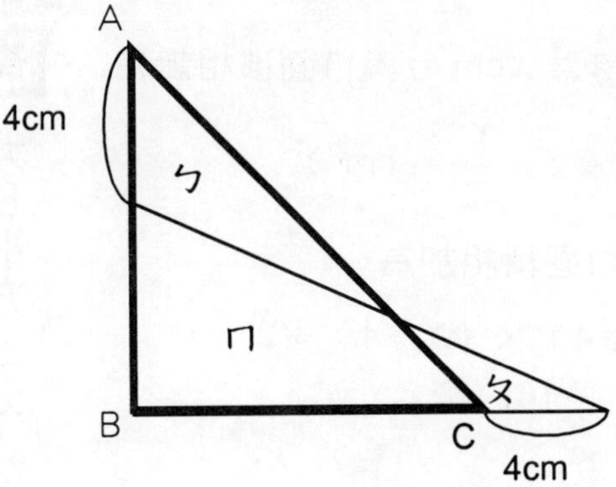

這裡有直角二等邊三角形ABC，但其邊長不知多少。

如圖般在2處各量出4公分長，並用線連結其間。

請問ㄅ的面積比ㄆ的面積大多少?

答

大8平方公分

AB長度在4公分以上，至於究竟長幾公分倒無所謂。解答這問題很簡單，但小學生通常不得其門而入。

以如上方式計算，即可求解。

設AB長度為$x$cm ㄅ與ㄇ面積相加為

$$x \times x \div 2 = \frac{x^2}{2}\ (\text{cm}^2)$$

ㄆ與ㄇ面積相加為

$$(x+4) \times (x-4) \div 2$$
$$=(x^2-16) \div 2$$
$$=\frac{x^2}{2}-8\ (\text{cm}^2)$$

因此，ㄅ－ㄆ為8 cm^2。

你知道什麼是「質數」嗎？

即：只能用1和該數本身除盡的正整數。例如2、3、5、7是質數；但例如4或6或8，亦可被非各該數本身的2除盡，所以不是質數。

以下提出一個希臘哲思非常濃厚的高級問題。如你明白其中的道理，科學家也會對你敬重有加。

請證明「質數有無限多」。

答 假如「質數為有限個」，則能作如下證明

假如質數為有限個，則必然存在「最大的質數」。今假設該數為「P」。另將「一切質數的積」設為q。於是$q=2\times3\times5\times7\times\cdots\cdots\times P$。其次，思考q的次一整數r，即$r=q+1$。這是訣竅所在。但仔細思量即知，r以任何質數2、3、5、7、……P等除之，均會餘1。既然如此，「r為質數」，而且比P為大。故知P為最大質數的前提，存在著矛盾。

這種證明法稱為「背理法」，為古希臘時代所發明。數學家當中，不會如此重要的證明的人，不在少數。你不妨試著問問看。

問99

抓大頭，抓獎品。

A想得到照相機，並想使他的女友G得到領巾。

所以，A提案多劃一條橫線。

請問究竟該劃在何處？

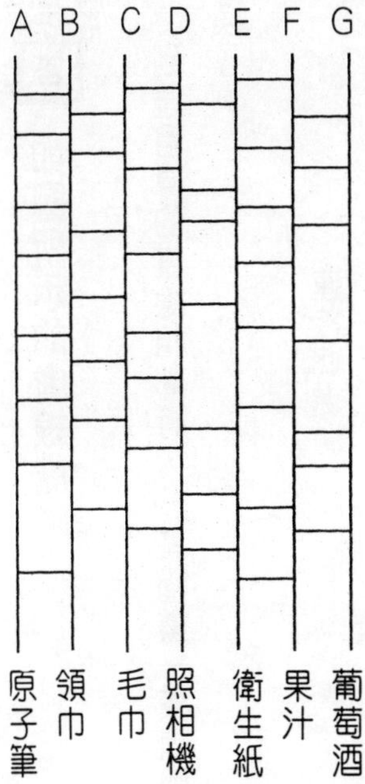

答　如圖所示的虛線處

到達目標的直線相鄰時，於其間畫一橫線即可。如圖所示，A與G的獎品就調換了。

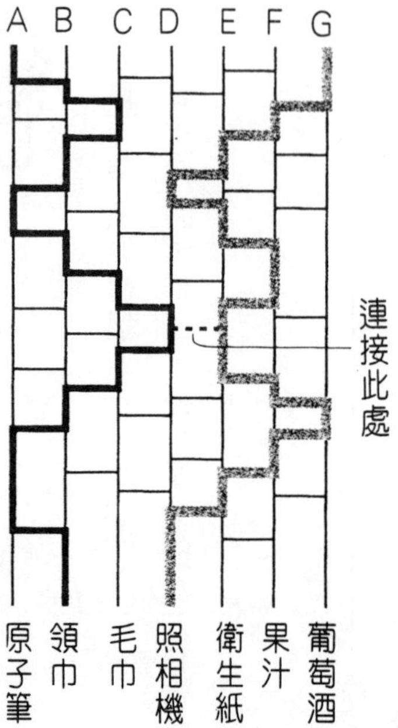

此外，尚可嘗試其他有趣的抓大頭玩法，如：將遠離的線互相連接，或斜線互相交叉，或由下方連繫到上方等。

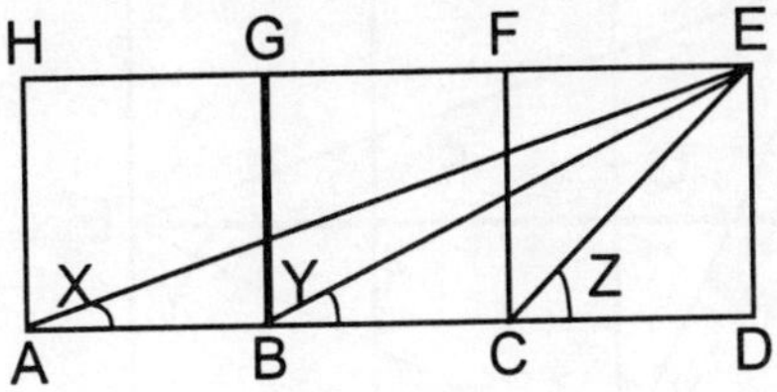

這裡有3個正方形。請求出圖中角度X、Y、Z的關係。如使用小學生的計算方法求解，會成為難題中的難題。

答　X＋Y＝Z

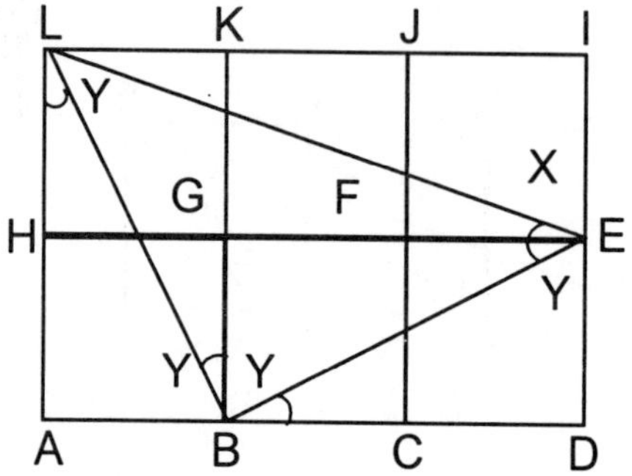

一目了然Z為45度。但X與Y較難得知。

由上圖可理解角LBE與角GBC的角度相等，均係直角。

同時，LB與BE亦等長。

故三角形LBE為直角二等邊三角形。

也因此，X＋Y是45度。（確實難度較高）

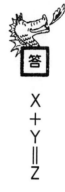

顯然你擁有相當高度的「集中力」和「思考力」。為了你的好頭腦超越一般人的平均水準，特地恭禧你！

只要你跨越這水準，就能躋身菁英分子之林！

為此，你所須做的，不過是再增加一點點兒「構思力」罷了。請再確認12分和15分的題目。期待你今後努力不輟。

真了不起！你煥發著偉大的菁英分子的「集中力」與「構思力」。

不管同性或異性，必以尊敬和欽慕的眼光注目您。盼望日後你能更勠力於工作、嗜好和遊樂。你所該做的，就是淋漓盡致將才能發揮出來。

你有天才水平的頭腦。你是數學超人!!我確信你將有非常光明的數學未來。

所以，請務必好自為之。

無論諾貝爾獎、菲爾茲獎、行政院長、大富豪、超人等等，你都能全力衝刺挑戰之；當然，你也能選擇深藏不露。總之，你是超乎一般人的偉人。

數學力診斷

請問你解答了多少問題？請將你正確解題所獲得的得分總計起來。如果全部答對，可得到 1000 分。

你有否發現自己的集中力略顯不足？似乎你並不擅長仔細思考。

「因為我最厭惡數學！」

嗄！快別這麼說了。就拿本書當作參考書慢慢訓練，增強「構思力」吧！如此，你素具的才能一定會被琢磨發光。

只要再增加點兒耐性思考，你必能得到更高分。

看來你的頭腦不是頂靈光，好似你長久以來一直忘了仔細動腦筋。

雖然如此，你依舊擁有成為先進人士的素質。何妨以此為契機，向各種物事挑戰、探索？就以解答 10 分水平的問題作為目標努力以赴吧！

大展出版社有限公司
品冠文化出版社

圖書目錄

地址：台北市北投區(石牌) 致遠一路二段 12 巷 1 號
電話：(02) 28236031 28236033 28233123
郵撥：01669551＜大展＞ 19346241＜品冠＞
傳真：(02) 28272069

·熱門新知·品冠編號 67

1.	圖解基因與 DNA	（精）	中原英臣主編	230 元
2.	圖解人體的神奇	（精）	米山公啟主編	230 元
3.	圖解腦與心的構造	（精）	永田和哉主編	230 元
4.	圖解科學的神奇	（精）	鳥海光弘主編	230 元
5.	圖解數學的神奇	（精）	柳 谷 晃著	250 元
6.	圖解基因操作	（精）	海老原充主編	230 元
7.	圖解後基因組	（精）	才園哲人著	230 元
8.	圖解再生醫療的構造與未來		才園哲人著	230 元
9.	圖解保護身體的免疫構造		才園哲人著	230 元
10.	90 分鐘了解尖端技術的結構		志村幸雄著	280 元

·名人選輯·品冠編號 671

1.	佛洛伊德	傅陽主編	200 元

·圍棋輕鬆學·品冠編號 68

1.	圍棋六日通	李曉佳編著	160 元
2.	布局的對策	吳玉林等編著	250 元
3.	定石的運用	吳玉林等編著	280 元

·象棋輕鬆學·品冠編號 69

1.	象棋開局精要	方長勤審校	280 元

·生活廣場·品冠編號 61

1.	366 天誕生星	李芳黛譯	280 元
2.	366 天誕生花與誕生石	李芳黛譯	280 元
3.	科學命相	淺野八郎著	220 元
4.	已知的他界科學	陳蒼杰譯	220 元
5.	開拓未來的他界科學	陳蒼杰譯	220 元
6.	世紀末變態心理犯罪檔案	沈永嘉譯	240 元

7. 366 天開運年鑑	林廷宇編著	230 元
8. 色彩學與你	野村順一著	230 元
9. 科學手相	淺野八郎著	230 元
10. 你也能成為戀愛高手	柯富陽編著	220 元
11. 血型與十二星座	許淑瑛編著	230 元
12. 動物測驗—人性現形	淺野八郎著	200 元
13. 愛情、幸福完全自測	淺野八郎著	200 元
14. 輕鬆攻佔女性	趙奕世編著	230 元
15. 解讀命運密碼	郭宗德著	200 元
16. 由客家了解亞洲	高木桂藏著	220 元

・女醫師系列・品冠編號 62

1. 子宮內膜症	國府田清子著	200 元
2. 子宮肌瘤	黑島淳子著	200 元
3. 上班女性的壓力症候群	池下育子著	200 元
4. 漏尿、尿失禁	中田真木著	200 元
5. 高齡生產	大鷹美子著	200 元
6. 子宮癌	上坊敏子著	200 元
7. 避孕	早乙女智子著	200 元
8. 不孕症	中村春根著	200 元
9. 生理痛與生理不順	堀口雅子著	200 元
10. 更年期	野末悅子著	200 元

・傳統民俗療法・品冠編號 63

1. 神奇刀療法	潘文雄著	200 元
2. 神奇拍打療法	安在峰著	200 元
3. 神奇拔罐療法	安在峰著	200 元
4. 神奇艾灸療法	安在峰著	200 元
5. 神奇貼敷療法	安在峰著	200 元
6. 神奇薰洗療法	安在峰著	200 元
7. 神奇耳穴療法	安在峰著	200 元
8. 神奇指針療法	安在峰著	200 元
9. 神奇藥酒療法	安在峰著	200 元
10. 神奇藥茶療法	安在峰著	200 元
11. 神奇推拿療法	張貴荷著	200 元
12. 神奇止痛療法	漆 浩 著	200 元
13. 神奇天然藥食物療法	李琳編著	200 元
14. 神奇新穴療法	吳德華編著	200 元
15. 神奇小針刀療法	韋丹主編	200 元

・常見病藥膳調養叢書・品冠編號 631

1. 脂肪肝四季飲食	蕭守貴著	200 元
2. 高血壓四季飲食	秦玖剛著	200 元
3. 慢性腎炎四季飲食	魏從強著	200 元
4. 高脂血症四季飲食	薛輝著	200 元
5. 慢性胃炎四季飲食	馬秉祥著	200 元
6. 糖尿病四季飲食	王耀獻著	200 元
7. 癌症四季飲食	李忠著	200 元
8. 痛風四季飲食	魯焰主編	200 元
9. 肝炎四季飲食	王虹等著	200 元
10. 肥胖症四季飲食	李偉等著	200 元
11. 膽囊炎、膽石症四季飲食	謝春娥著	200 元

・彩色圖解保健・品冠編號 64

1. 瘦身	主婦之友社	300 元
2. 腰痛	主婦之友社	300 元
3. 肩膀痠痛	主婦之友社	300 元
4. 腰、膝、腳的疼痛	主婦之友社	300 元
5. 壓力、精神疲勞	主婦之友社	300 元
6. 眼睛疲勞、視力減退	主婦之友社	300 元

・休閒保健叢書・品冠編號 641

1. 瘦身保健按摩術	聞慶漢主編	200 元
2. 顏面美容保健按摩術	聞慶漢主編	200 元

・心 想 事 成・品冠編號 65

1. 魔法愛情點心	結城莫拉著	120 元
2. 可愛手工飾品	結城莫拉著	120 元
3. 可愛打扮 & 髮型	結城莫拉著	120 元
4. 撲克牌算命	結城莫拉著	120 元

・少 年 偵 探・品冠編號 66

1. 怪盜二十面相	（精）	江戶川亂步著	特價 189 元
2. 少年偵探團	（精）	江戶川亂步著	特價 189 元
3. 妖怪博士	（精）	江戶川亂步著	特價 189 元
4. 大金塊	（精）	江戶川亂步著	特價 230 元
5. 青銅魔人	（精）	江戶川亂步著	特價 230 元
6. 地底魔術王	（精）	江戶川亂步著	特價 230 元
7. 透明怪人	（精）	江戶川亂步著	特價 230 元

8. 怪人四十面相	(精)	江戶川亂步著	特價 230 元
9. 宇宙怪人	(精)	江戶川亂步著	特價 230 元
10. 恐怖的鐵塔王國	(精)	江戶川亂步著	特價 230 元
11. 灰色巨人	(精)	江戶川亂步著	特價 230 元
12. 海底魔術師	(精)	江戶川亂步著	特價 230 元
13. 黃金豹	(精)	江戶川亂步著	特價 230 元
14. 魔法博士	(精)	江戶川亂步著	特價 230 元
15. 馬戲怪人	(精)	江戶川亂步著	特價 230 元
16. 魔人銅鑼	(精)	江戶川亂步著	特價 230 元
17. 魔法人偶	(精)	江戶川亂步著	特價 230 元
18. 奇面城的秘密	(精)	江戶川亂步著	特價 230 元
19. 夜光人	(精)	江戶川亂步著	特價 230 元
20. 塔上的魔術師	(精)	江戶川亂步著	特價 230 元
21. 鐵人Q	(精)	江戶川亂步著	特價 230 元
22. 假面恐怖王	(精)	江戶川亂步著	特價 230 元
23. 電人M	(精)	江戶川亂步著	特價 230 元
24. 二十面相的詛咒	(精)	江戶川亂步著	特價 230 元
25. 飛天二十面相	(精)	江戶川亂步著	特價 230 元
26. 黃金怪獸	(精)	江戶川亂步著	特價 230 元

·武　術　特　輯· 大展編號 10

1. 陳式太極拳入門	馮志強編著	180 元
2. 武式太極拳	郝少如編著	200 元
3. 中國跆拳道實戰 100 例	岳維傳著	220 元
4. 教門長拳	蕭京凌編著	150 元
5. 跆拳道	蕭京凌編譯	180 元
6. 正傳合氣道	程曉鈴譯	200 元
7. 實用雙節棍	吳志勇編著	200 元
8. 格鬥空手道	鄭旭旭編著	200 元
9. 實用跆拳道	陳國榮編著	200 元
10. 武術初學指南	李文英、解守德編著	250 元
11. 泰國拳	陳國榮著	180 元
12. 中國式摔跤	黃　斌編著	180 元
13. 太極劍入門	李德印編著	180 元
14. 太極拳運動	運動司編	250 元
15. 太極拳譜	清・王宗岳等著	280 元
16. 散手初學	冷　峰編著	200 元
17. 南拳	朱瑞琪編著	180 元
18. 吳式太極劍	王培生著	200 元
19. 太極拳健身與技擊	王培生著	250 元
20. 秘傳武當八卦掌	狄兆龍著	250 元
21. 太極拳論譚	沈　壽著	250 元
22. 陳式太極拳技擊法	馬　虹著	250 元

23. 二十四式 三十二式 太極 拳 劍	闞桂香著	180 元
24. 楊式秘傳 129 式太極長拳	張楚全著	280 元
25. 楊式太極拳架詳解	林炳堯著	280 元
26. 華佗五禽劍	劉時榮著	180 元
27. 太極拳基礎講座：基本功與簡化 24 式	李德印著	250 元
28. 武式太極拳精華	薛乃印著	200 元
29. 陳式太極拳拳理闡微	馬　虹著	350 元
30. 陳式太極拳體用全書	馬　虹著	400 元
31. 張三豐太極拳	陳占奎著	200 元
32. 中國太極推手	張　山主編	300 元
33. 48 式太極拳入門	門惠豐編著	220 元
34. 太極拳奇人奇功	嚴翰秀編著	250 元
35. 心意門秘籍	李新民編著	220 元
36. 三才門乾坤戊己功	王培生編著	220 元
37. 武式太極劍精華＋VCD	薛乃印編著	350 元
38. 楊式太極拳	傅鐘文演述	200 元
39. 陳式太極拳、劍 36 式	闞桂香編著	250 元
40. 正宗武式太極拳	薛乃印著	220 元
41. 杜元化＜太極拳正宗＞考析	王海洲等著	300 元
42. ＜珍貴版＞陳式太極拳	沈家楨著	280 元
43. 24 式太極拳＋VCD	中國國家體育總局著	350 元
44. 太極推手絕技	安在峰編著	250 元
45. 孫祿堂武學錄	孫祿堂著	300 元
46. ＜珍貴本＞陳式太極拳精選	馮志強著	280 元
47. 武當趙堡太極拳小架	鄭悟清傳授	250 元
48. 太極拳習練知識問答	邱丕相主編	220 元
49. 八法拳 八法槍	武世俊著	220 元
50. 地趟拳＋VCD	張憲政著	350 元
51. 四十八式太極拳＋DVD	楊　靜演示	400 元
52. 三十二式太極劍＋VCD	楊　靜演示	300 元
53. 隨曲就伸 中國太極拳名家對話錄	余功保著	300 元
54. 陳式太極拳五功八法十三勢	闞桂香著	200 元
55. 六合螳螂拳	劉敬儒等著	280 元
56. 古本新探華佗五禽戲	劉時榮編著	180 元
57. 陳式太極拳養生功＋VCD	陳正雷著	350 元
58. 中國循經太極拳二十四式教程	李兆生著	300 元
59. ＜珍貴本＞太極拳研究	唐豪・顧留馨著	250 元
60. 武當三豐太極拳	劉嗣傳著	300 元
61. 楊式太極拳體用圖解	崔仲三編著	400 元
62. 太極十三刀	張耀忠編著	230 元
63. 和式太極拳譜＋VCD	和有祿編著	450 元
64. 太極內功養生術	關永年著	300 元
65. 養生太極推手	黃康輝編著	280 元
66. 太極推手祕傳	安在峰編著	300 元

67. 楊少侯太極拳用架真詮	李璉編著	280 元
68. 細說陰陽相濟的太極拳	林冠澄著	350 元
69. 太極內功解祕	祝大彤編著	280 元
70. 簡易太極拳健身功	王建華著	180 元
71. 楊氏太極拳真傳	趙斌等著	380 元
72. 李子鳴傳梁式直趟八卦六十四散手掌	張全亮編著	200 元
73. 炮捶 陳式太極拳第二路	顧留馨著	330 元
74. 太極推手技擊傳真	王鳳鳴編著	300 元
75. 傳統五十八式太極劍	張楚全編著	200 元
76. 新編太極拳對練	曾乃梁編著	280 元
77. 意拳拳學	王薌齋創始	280 元
78. 心意拳練功竅要	馬琳璋著	300 元
79. 形意拳搏擊的理與法	買正虎編著	300 元
80. 拳道功法學	李玉柱編著	300 元
81. 精編陳式太極拳拳劍刀	武世俊編著	300 元
82. 現代散打	梁亞東編著	200 元
83. 形意拳械精解（上）	邸國勇編著	480 元
84. 形意拳械精解（下）	邸國勇編著	480 元

・彩色圖解太極武術・大展編號 102

1. 太極功夫扇	李德印編著	220 元
2. 武當太極劍	李德印編著	220 元
3. 楊式太極劍	李德印編著	220 元
4. 楊式太極刀	王志遠著	220 元
5. 二十四式太極拳（楊式）＋VCD	李德印編著	350 元
6. 三十二式太極劍（楊式）＋VCD	李德印編著	350 元
7. 四十二式太極劍＋VCD	李德印編著	350 元
8. 四十二式太極拳＋VCD	李德印編著	350 元
9. 16 式太極拳 18 式太極劍＋VCD	崔仲三著	350 元
10. 楊氏 28 式太極拳＋VCD	趙幼斌著	350 元
11. 楊式太極拳 40 式＋VCD	宗維潔編著	350 元
12. 陳式太極拳 56 式＋VCD	黃康輝等著	350 元
13. 吳式太極拳 45 式＋VCD	宗維潔編著	350 元
14. 精簡陳式太極拳 8 式、16 式	黃康輝編著	220 元
15. 精簡吳式太極拳＜36 式拳架・推手＞	柳恩久主編	220 元
16. 夕陽美功夫扇	李德印著	220 元
17. 綜合 48 式太極拳＋VCD	竺玉明編著	350 元
18. 32 式太極拳（四段）	宗維潔演示	220 元
19. 楊氏 37 式太極拳＋VCD	趙幼斌著	350 元
20. 楊氏 51 式太極劍＋VCD	趙幼斌著	350 元

・國際武術競賽套路・大展編號 103

1. 長拳	李巧玲執筆	220 元
2. 劍術	程慧琨執筆	220 元
3. 刀術	劉同為執筆	220 元
4. 槍術	張躍寧執筆	220 元
5. 棍術	殷玉柱執筆	220 元

・簡化太極拳・大展編號 104

1. 陳式太極拳十三式	陳正雷編著	200 元
2. 楊式太極拳十三式	楊振鐸編著	200 元
3. 吳式太極拳十三式	李秉慈編著	200 元
4. 武式太極拳十三式	喬松茂編著	200 元
5. 孫式太極拳十三式	孫劍雲編著	200 元
6. 趙堡太極拳十三式	王海洲編著	200 元

・導引養生功・大展編號 105

1. 疏筋壯骨功＋VCD	張廣德著	350 元
2. 導引保建功＋VCD	張廣德著	350 元
3. 頤身九段錦＋VCD	張廣德著	350 元
4. 九九還童功＋VCD	張廣德著	350 元
5. 舒心平血功＋VCD	張廣德著	350 元
6. 益氣養肺功＋VCD	張廣德著	350 元
7. 養生太極扇＋VCD	張廣德著	350 元
8. 養生太極棒＋VCD	張廣德著	350 元
9. 導引養生形體詩韻＋VCD	張廣德著	350 元
10. 四十九式經絡動功＋VCD	張廣德著	350 元

・中國當代太極拳名家名著・大展編號 106

1. 李德印太極拳規範教程	李德印著	550 元
2. 王培生吳式太極拳詮真	王培生著	500 元
3. 喬松茂武式太極拳詮真	喬松茂著	450 元
4. 孫劍雲孫式太極拳詮真	孫劍雲著	350 元
5. 王海洲趙堡太極拳詮真	王海洲著	500 元
6. 鄭琛太極拳道詮真	鄭琛著	450 元
7. 沈壽太極拳文集	沈壽著	630 元

・古代健身功法・大展編號 107

1.	練功十八法	蕭凌編著	200 元
2.	十段錦運動	劉時榮編著	180 元
3.	二十八式長壽健身操	劉時榮著	180 元
4.	三十二式太極雙扇	劉時榮著	160 元

・太極跤・大展編號 108

1.	太極防身術	郭慎著	300 元
2.	擒拿術	郭慎著	280 元
3.	中國式摔角	郭慎著	350 元

・原地太極拳系列・大展編號 11

1.	原地綜合太極拳 24 式	胡啟賢創編	220 元
2.	原地活步太極拳 42 式	胡啟賢創編	200 元
3.	原地簡化太極拳 24 式	胡啟賢創編	200 元
4.	原地太極拳 12 式	胡啟賢創編	200 元
5.	原地青少年太極拳 22 式	胡啟賢創編	220 元

・名師出高徒・大展編號 111

1.	武術基本功與基本動作	劉玉萍編著	200 元
2.	長拳入門與精進	吳彬等著	220 元
3.	劍術刀術入門與精進	楊柏龍等著	220 元
4.	棍術、槍術入門與精進	邱丕相編著	220 元
5.	南拳入門與精進	朱瑞琪編著	220 元
6.	散手入門與精進	張山等著	220 元
7.	太極拳入門與精進	李德印編著	280 元
8.	太極推手入門與精進	田金龍編著	220 元

・實用武術技擊・大展編號 112

1.	實用自衛拳法	溫佐惠著	250 元
2.	搏擊術精選	陳清山等著	220 元
3.	秘傳防身絕技	程崑彬著	230 元
4.	振藩截拳道入門	陳琦平著	220 元
5.	實用擒拿法	韓建中著	220 元
6.	擒拿反擒拿 88 法	韓建中著	250 元
7.	武當秘門技擊術入門篇	高翔著	250 元
8.	武當秘門技擊術絕技篇	高翔著	250 元
9.	太極拳實用技擊法	武世俊著	220 元
10.	奪凶器基本技法	韓建中著	220 元

11. 峨眉拳實用技擊法	吳信良著	300 元
12. 武當拳法實用制敵術	賀春林主編	300 元
13. 詠春拳速成搏擊術訓練	魏峰編著	元
14. 詠春拳高級格鬥訓練	魏峰編著	元

・中國武術規定套路・大展編號 113

1. 螳螂拳	中國武術系列	300 元
2. 劈掛拳	規定套路編寫組	300 元
3. 八極拳	國家體育總局	250 元
4. 木蘭拳	國家體育總局	230 元

・中華傳統武術・大展編號 114

1. 中華古今兵械圖考	裴錫榮主編	280 元
2. 武當劍	陳湘陵編著	200 元
3. 梁派八卦掌（老八掌）	李子鳴遺著	220 元
4. 少林 72 藝與武當 36 功	裴錫榮主編	230 元
5. 三十六把擒拿	佐藤金兵衛主編	200 元
6. 武當太極拳與盤手 20 法	裴錫榮主編	220 元
7. 錦八手拳學	楊永著	280 元
8. 自然門功夫精義	陳懷信編著	500 元
9. 八極拳珍傳	王世泉著	330 元
10. 通臂二十四勢	郭瑞祥主編	280 元

・少 林 功 夫・大展編號 115

1. 少林打擂秘訣	德虔、素法編著	300 元
2. 少林三大名拳 炮拳、大洪拳、六合拳	門惠豐等著	200 元
3. 少林三絕 氣功、點穴、擒拿	德虔編著	300 元
4. 少林怪兵器秘傳	素法等著	250 元
5. 少林護身暗器秘傳	素法等著	220 元
6. 少林金剛硬氣功	楊維編著	250 元
7. 少林棍法大全	德虔、素法編著	250 元
8. 少林看家拳	德虔、素法編著	250 元
9. 少林正宗七十二藝	德虔、素法編著	280 元
10. 少林瘋魔棍闡宗	馬德著	250 元
11. 少林正宗太祖拳法	高翔著	280 元
12. 少林拳技擊入門	劉世君編著	220 元
13. 少林十路鎮山拳	吳景川主編	300 元
14. 少林氣功祕集	釋德虔編著	220 元
15. 少林十大武藝	吳景川主編	450 元
16. 少林飛龍拳	劉世君著	200 元
17. 少林武術理論	徐勤燕等著	200 元

・迷蹤拳系列・ 大展編號 116

1.	迷蹤拳（一）+VCD	李玉川編著	350 元
2.	迷蹤拳（二）+VCD	李玉川編著	350 元
3.	迷蹤拳（三）	李玉川編著	250 元
4.	迷蹤拳（四）+VCD	李玉川編著	580 元
5.	迷蹤拳（五）	李玉川編著	250 元
6.	迷蹤拳（六）	李玉川編著	300 元
7.	迷蹤拳（七）	李玉川編著	300 元
8.	迷蹤拳（八）	李玉川編著	300 元

・截拳道入門・ 大展編號 117

1.	截拳道手擊技法	舒建臣編著	230 元
2.	截拳道腳踢技法	舒建臣編著	230 元
3.	截拳道擒跌技法	舒建臣編著	230 元
4.	截拳道攻防技法	舒建臣編著	230 元
5.	截拳道連環技法	舒建臣編著	230 元

・道 學 文 化・大展編號 12

1.	道在養生：道教長壽術	郝勤等著	250 元
2.	龍虎丹道：道教內丹術	郝勤著	300 元
3.	天上人間：道教神仙譜系	黃德海著	250 元
4.	步罡踏斗：道教祭禮儀典	張澤洪著	250 元
5.	道醫窺秘：道教醫學康復術	王慶餘等著	250 元
6.	勸善成仙：道教生命倫理	李剛著	250 元
7.	洞天福地：道教宮觀勝境	沙銘壽著	250 元
8.	青詞碧簫：道教文學藝術	楊光文等著	250 元
9.	沈博絕麗：道教格言精粹	朱耕發等著	250 元

・易 學 智 慧・大展編號 122

1.	易學與管理	余敦康主編	250 元
2.	易學與養生	劉長林等著	300 元
3.	易學與美學	劉綱紀等著	300 元
4.	易學與科技	董光壁著	280 元
5.	易學與建築	韓增祿著	280 元
6.	易學源流	鄭萬耕著	280 元
7.	易學的思維	傅雲龍等著	250 元
8.	周易與易圖	李申著	250 元
9.	中國佛教與周易	王仲堯著	350 元
10.	易學與儒學	任俊華著	350 元
11.	易學與道教符號揭秘	詹石窗著	350 元

12. 易傳通論	王博著	250 元
13. 談古論今說周易	龐鈺龍著	280 元
14. 易學與史學	吳懷祺著	230 元
15. 易學與天文學	盧央著	230 元
16. 易學與生態環境	楊文衡著	230 元
17. 易學與中國傳統醫學	蕭漢明著	280 元
18. 易學與人文	羅熾等著	280 元

・神 算 大 師・大展編號 123

1. 劉伯溫神算兵法	應涵編著	280 元
2. 姜太公神算兵法	應涵編著	280 元
3. 鬼谷子神算兵法	應涵編著	280 元
4. 諸葛亮神算兵法	應涵編著	280 元

・鑑 往 知 來・大展編號 124

1. 《三國志》給現代人的啟示	陳羲主編	220 元
2. 《史記》給現代人的啟示	陳羲主編	220 元
3. 《論語》給現代人的啟示	陳羲主編	220 元
4. 《孫子》給現代人的啟示	陳羲主編	220 元
5. 《唐詩選》給現代人的啟示	陳羲主編	220 元
6. 《菜根譚》給現代人的啟示	陳羲主編	220 元
7. 《百戰奇略》給現代人的啟示	陳羲主編	250 元

・秘傳占卜系列・大展編號 14

1. 手相術	淺野八郎著	180 元
2. 人相術	淺野八郎著	180 元
3. 西洋占星術	淺野八郎著	180 元
4. 中國神奇占卜	淺野八郎著	150 元
5. 夢判斷	淺野八郎著	150 元
7. 法國式血型學	淺野八郎著	150 元
8. 靈感、符咒學	淺野八郎著	150 元
10. ESP 超能力占卜	淺野八郎著	150 元
11. 猶太數的秘術	淺野八郎著	150 元
13. 塔羅牌預言秘法	淺野八郎著	200 元

・趣味心理講座・大展編號 15

1. 性格測驗（1） 探索男與女	淺野八郎著	140 元
2. 性格測驗（2） 透視人心奧秘	淺野八郎著	140 元
3. 性格測驗（3） 發現陌生的自己	淺野八郎著	140 元
4. 性格測驗（4） 發現你的真面目	淺野八郎著	140 元

5. 性格測驗（5） 讓你們吃驚 淺野八郎著 140元
6. 性格測驗（6） 洞穿心理盲點 淺野八郎著 140元
7. 性格測驗（7） 探索對方心理 淺野八郎著 140元
8. 性格測驗（8） 由吃認識自己 淺野八郎著 160元
9. 性格測驗（9） 戀愛的心理 淺野八郎著 160元
10. 性格測驗（10）由裝扮瞭解人心 淺野八郎著 160元
11. 性格測驗（11）敲開內心玄機 淺野八郎著 140元
12. 性格測驗（12）透視你的未來 淺野八郎著 160元
13. 血型與你的一生 淺野八郎著 160元
14. 趣味推理遊戲 淺野八郎著 160元
15. 行為語言解析 淺野八郎著 160元

・婦幼天地・大展編號 16

1. 八萬人減肥成果 黃靜香譯 180元
2. 三分鐘減肥體操 楊鴻儒譯 150元
3. 窈窕淑女美髮秘訣 柯素娥譯 130元
4. 使妳更迷人 成 玉譯 130元
5. 女性的更年期 官舒妍編譯 160元
6. 胎內育兒法 李玉瓊編譯 150元
7. 早產兒袋鼠式護理 唐岱蘭譯 200元
9. 初次育兒 12 個月 婦幼天地編譯組 180元
10. 斷乳食與幼兒食 婦幼天地編譯組 180元
11. 培養幼兒能力與性向 婦幼天地編譯組 180元
12. 培養幼兒創造力的玩具與遊戲 婦幼天地編譯組 180元
13. 幼兒的症狀與疾病 婦幼天地編譯組 180元
14. 腿部苗條健美法 婦幼天地編譯組 180元
15. 女性腰痛別忽視 婦幼天地編譯組 150元
16. 舒展身心體操術 李玉瓊編譯 130元
17. 三分鐘臉部體操 趙薇妮著 160元
18. 生動的笑容表情術 趙薇妮著 160元
19. 心曠神怡減肥法 川津祐介著 130元
20. 內衣使妳更美麗 陳玄茹譯 130元
21. 瑜伽美姿美容 黃靜香編著 180元
22. 高雅女性裝扮學 陳珮玲譯 180元
23. 蠶糞肌膚美顏法 梨秀子著 160元
24. 認識妳的身體 李玉瓊譯 160元
25. 產後恢復苗條體態 居理安・芙萊喬著 200元
26. 正確護髮美容法 山崎伊久江著 180元
27. 安琪拉美姿養生學 安琪拉蘭斯博瑞著 180元
28. 女體性醫學剖析 增田豐著 220元
29. 懷孕與生產剖析 岡部綾子著 180元
30. 斷奶後的健康育兒 東城百合子著 220元
31. 引出孩子幹勁的責罵藝術 多湖輝著 170元

國家圖書館出版品預行編目資料

使頭腦靈活的數學／逢澤明著；陳蒼杰譯
－初版－臺北市，大展，民 91
面；21 公分－（校園系列；21）
譯自：頭がくなる数学パズル
ISBN 978-957-468-151-8（平裝）
1. 數學－問題集
310.22　　91009114

ATAMA GA YOKUNARU SUGAKU PAZURU by Akira Aizawa
Copyright ⓒ 2000 by Akira Aizawa
Illustration ⓒ 2000 by Yukie Abe
All rights reserved
First published in Japan in 2000 by PHP Institute,Inc.
Chinese translation rights arranged with Akira Aizawa
Through Japan Foreign-Rights Centre/Hongzu Enterprise Co.,Ltd.

【版權所有・翻印必究】

使頭腦靈活的數學

ISBN-13：978-957-468-151-8
ISBN-10：957-468-151-3

著　　者／逢　澤　明
譯　　者／陳　蒼　杰
發 行 人／蔡　森　明
出 版 者／大展出版社有限公司
社　　址／台北市北投區（石牌）致遠一路 2 段 12 巷 1 號
電　　話／(02) 28236031・28236033・28233123
傳　　真／(02) 28272069
郵政劃撥／01669551
網　　址／www.dah-jaan.com.tw
E-mail／service@dah-jaan.com.tw
登 記 證／局版臺業字第 2171 號
承 印 者／國順文具印刷行
裝　　訂／建鑫印刷裝訂有限公司
排 版 者／千兵企業有限公司
初版 1 刷／2002 年（民 91 年） 8 月
初版 2 刷／2006 年（民 95 年）10 月　　定價／200 元

●本書若有破損、缺頁敬請寄回本社更換●

一億人閱讀的暢銷書！

4～26集　定價300元　特價230元

大金塊　5.青銅魔人　6.地底魔術王　7.透明怪人　8.怪人四十面相　9.宇宙怪人

怖的鐵塔王國　11.灰色巨人　12.海底魔術師　13.黃金豹　14.魔法博士　15.馬戲怪人

魔人銅鑼　17.魔法人偶　18.奇面城的秘密　19.夜光人　20.塔上的魔術師　21.鐵人Q

假面恐怖王　23.電人M　24.二十面相的詛咒　25.飛天二十面相　26.黃金怪獸

品冠文化出版社

地址：臺北市北投區
致遠一路二段十二巷一號
電話：〈02〉28233123
郵政劃撥：19346241

推理文學經典巨著，中文版正式授權

名偵探明智小五郎與怪盜的挑戰與鬥智

名偵探柯南、金田一都讚嘆不已

日本推理小說鼻祖—江戶川亂步

1894年10月21日出生於日本三重縣名張〈現在的名張市〉。本名平井太郎。
就讀於早稻田大學時就曾經閱讀許多英、美的推理小說。
畢業之後曾經任職於貿易公司，也曾經擔任舊書商、新聞記者等各種工作。
1923年4月，在『新青年』中發表「二錢銅幣」。
筆名江戶川亂步是根據推理小說的始祖艾德嘉・亞藍波而取的。
後來致力於創作許多推理小說。
1936年配合「少年俱樂部」的要求所寫的『怪盜二十面相』極受人歡迎，
陸續發表『少年偵探團』、『妖怪博士』共26集……等
適合少年、少女閱讀的作品。

1～3集　定價300元　試閱特價189元